CORTEX

Richard Levy

CORTEX

ALBIN MICHEL

Les mots suivis d'un astérisque sont définis dans le glossaire en fin d'ouvrage.

1

MARC

Où l'on apprend qu'une poignée de main révèle une maladie

« Ne prenez pas mes mains, Monsieur ». Malgré cette consigne claire et répétée pour la troisième fois, Marc me serre les mains d'une poigne de fer. Nous sommes assis face à face, médecin et patient. Quand je tente de m'extraire de cet étau en reculant, il forcit son emprise jusqu'à décoller de sa chaise et me suivre en arrière ! Marc ne lâchant toujours pas, voilà que patient et médecin marchent ensemble, mains scellées. Quand ce pas de danse s'arrête enfin, je lui demande : « Pourquoi avez-vous pris mes mains ? Je vous avais pourtant demandé de ne pas le faire. » « C'est vrai » répond-il, « Je les ai vues, je les ai prises. »

Était-ce un jeu ou existe-t-il une explication bien plus profonde à son attitude ? Aux yeux du neurologue que je suis, Marc présente un comportement anormal, dit de « préhension pathologique ». Une hypothèse me vient à l'esprit : celle d'une maladie neurologique affectant une zone bien spécifique du cerveau. Mais évidemment, j'ai besoin de procéder à d'autres tests pour valider mon interprétation. Le « test d'imitation » s'impose. Si le patient me suit dans tous mes gestes, je serais alors davantage fixé sur la zone atteinte de son cerveau.

Je regarde dans le vague et tapote avec le plat de la main, distraitement, deux coups sur la table. Immédiatement après et sans consigne particulière, Marc frappe à son tour… deux coups. Un silence. L'air de rien, je recommence en corsant le test. Deux coups, un intervalle, trois coups, un blanc puis deux coups. Après un bref instant, Marc imprime avec la paume de la main un « 2-3-2 », m'imitant spontanément. Alors, je tire la langue et il me rend la pareille. Je fais un pied de nez, idem de sa part. Voilà que Marc copie tous mes gestes, même les plus ridicules ! Ce syndrome d'« imitation pathologique » renforce mon jugement et trace mieux la route diagnostique à suivre.

Je tends un stylo que Marc saisit. Je lui tends un calepin, puis une multitude d'objets – tous ceux qui sont à portée de « main », aussitôt attrapés. Marc se trouve à présent en possession d'objets divers dont il ne sait que faire, qui l'encombrent mais qu'il garde. Marc collectionne ! Je le débarrasse de ces éléments, sauf du calepin et du stylo. J'ouvre le premier : spontanément, il dessine un sexe masculin en érection. Je lui tends mon stéthoscope et le voici à présent qui se prend pour un médecin, met les embouts dans ses oreilles et tente d'écouter mon cœur. Il veut m'examiner. Je l'aurais parié ! Marc présente aussi un comportement dit « d'utilisation » : il ne peut s'empêcher d'utiliser un outil glissé sous ses yeux.

Marionnette humaine

Pourquoi ai-je soumis mon patient à ces tests comportementaux, qui peuvent paraître incongrus, voire théâtraux ? Quelle signification donner à ces quatre comportements anormaux – préhension, imitation, collectionnisme et utilisation ? Pourquoi sont-ils les marqueurs d'une maladie neurologique ? Quelle zone du cerveau serait affectée ?

En fait, ce quatuor de conduites aberrantes est dit d'« adhérence à l'environnement ». Elles ont été décrites et interprétées par l'un des plus grands neurologues français, le Pr François Lhermitte [1]. Sur quelle partie du cerveau nous renseignent-elles ? Une région nommée le *cortex préfrontal**. En raison d'une lésion à ce niveau, Marc n'est plus capable de résister aux pressions que l'examinateur exerce sur lui. Il devient esclave de son environnement. « *Il perçoit, il agit.* » Il est alors possible de guider complètement son comportement sans lui laisser le choix. Malgré lui, Marc est devenu manipulable comme une marionnette.

« Débrancher son cerveau » n'est pas nécessairement un mal. Percevoir puis agir « sans trop réfléchir » est parfois éminemment salvateur – afin, par exemple, de grimper à l'arbre pour échapper à un lion. Mais il faut convenir que dans le monde sophistiqué que nous avons bâti, le plus souvent, le comportement le plus adapté consiste à user de ses cellules grises avant de passer à l'acte. Comment procédons-nous ? Nous ouvrons une sorte d'espace mental dans lequel nous délibérons : nous pesons le pour et le contre de nos actions possibles, en examinant les différentes issues pour chacune. Dans cet espace « tampon », le présent de nos sensations entre en compétition avec d'autres dimensions, comme la compréhension du contexte (qu'attend de moi l'examinateur lorsqu'il me tend un stylo ? Cette situation se prête-t-elle à dessiner un pénis ?), les expériences passées (ai-je déjà été confronté à une situation semblable ?) et les conséquences anticipées de mon comportement. En d'autres termes, le couple « *Je perçois, j'agis* », le plus souvent impulsif et automatique, se change en un ménage à trois : « *Je perçois, je délibère, j'agis.* »

Cette délibération interne permet de dépasser les comportements automatiques, irréfléchis, et nous accorde une certaine liberté face à la pression que notre environnement (ou nos pulsions internes) exerce sur nous. Jusqu'à présent, ces questions relevaient davantage de la philosophie que de la biologie.

L'Homme est-il libre ou conditionné dans ses choix ? Dans ce débat, les partisans du libre arbitre absolu, adeptes de la pensée de Saint Augustin (d'Hippone) à l'origine de ce concept (« *De libero arbitrio* »), s'opposaient à ceux du « tout » déterminisme, ces héritiers de Spinoza qui argumentaient que l'être humain a conscience de ses actions sans en avoir la décision.

Aujourd'hui, ces questions sont entrées dans le champ de la science, de la neurobiologie. Notre délibération interne est caractéristique de la pensée humaine et diffère grandement de celle des autres espèces animales. Et pour cause, elle se déroule dans le cortex préfrontal, la partie du cerveau située juste derrière notre front et nos orbites, une zone peu développée chez les animaux. Mais revenons à notre cas clinique…

Démence impassible

Quand j'examine Marc, il a 58 ans, est marié, cadre supérieur, père de trois enfants, dont le petit dernier, âgé de six ans, est issu d'une seconde union. Les deux premiers enfants sont indépendants et ne vivent pas au sein du foyer. Selon son épouse, tout a commencé un an auparavant, un dimanche midi à table. Quand Catherine posa devant leur fils une assiette de frites, Marc se précipita dessus et en engloutit frénétiquement la quasi-totalité, au grand désarroi du fils et de sa mère. Quelque temps plus tard, son beau-frère, qu'il appréciait beaucoup, décéda accidentellement. « C'est triste ! » fut la seule réaction de Marc quand on lui annonça la nouvelle. Il se replongea ensuite dans sa lecture comme si de rien n'était. Il n'évoqua plus le décès, ne consola pas son épouse et lors de l'enterrement, parut indifférent, chuchotant même une blague à connotation sexuelle à l'oreille de son voisin, pourtant inconnu.

Ce n'est que le début de l'histoire. Plus tard, son épouse s'aperçut qu'il correspondait par Internet avec plusieurs femmes et que des virements de sommes importantes, qu'il ne put expliquer, avaient été effectués à partir de leur compte commun. Manifestement, ces femmes (en réalité, des escrocs) le plumaient sans vergogne. Confronté à ces aberrations, selon les moments, il niait tout en dépit des évidences ou admettait juste ses échanges en ligne, mais récusait être le pigeon d'une escroquerie et l'auteur des virements. Aucune autocritique ne pointait dans son discours. Enfin, alors que c'était auparavant un homme actif et dynamique, il se mit à passer ses journées assis dans un fauteuil sans rien faire ou, au mieux, à regarder des documentaires animaliers.

Pour sa femme, il devenait urgent de consulter. Mais vers qui se tourner ? Un psychiatre ? Peut-être s'agissait-il d'une dépression ? Pourtant, Marc faisait des blagues, ne se plaignait jamais. Bien au contraire, il était devenu jovial et maintenait obstinément que tout allait bien : « Je suis en pleine forme ! » Finalement, Catherine opta pour la neurologie et, malgré ses refus obstinés, réussit à le traîner dans mon cabinet.

« Mon mari n'est plus lui-même, me lança-t-elle lors de cette première consultation. Tout ce que je vous ai relaté est en opposition complète avec l'homme qu'il était il y a encore deux ans ! » Pendant que nous échangeons, Marc est impassible, le regard perdu au-delà des fenêtres du cabinet médical. La suite sera étonnante. L'ensemble des examens auxquels je le soumets au cabinet s'avèrent normaux, y compris ceux portant sur l'intelligence et les capacités cognitives telles que la mémoire ou le langage. Pourtant, tous les exemples donnés par son épouse, de l'impulsivité à la désinhibition sociale, en passant par le manque d'empathie, l'apathie, les troubles du jugement ou l'absence d'autocritique plaident pour une maladie touchant préférentiellement le cortex préfrontal : la « démence frontale » ou « dégénérescence lobaire fronto-temporale » (ou encore « maladie de Pick* »).

Mon hypothèse sera renforcée par l'examen plus approfondi des fonctions mentales à l'aide d'épreuves psychométriques. Marc manifeste des difficultés dans tous les tests qui dépendent de l'intégrité du cortex préfrontal. Par exemple, il ne peut inhiber des réponses impulsives, résoudre des problèmes de logique, rester critique face à une situation absurde, mener un calcul mental (tout en sachant effectuer l'opération sur le papier) ou encore sortir du concret pour s'élever vers l'abstraction. Par ailleurs, distrait par un rien, il est incapable de maintenir son attention durant les tests et échoue systématiquement quand je m'aventure sur un terrain plus émotionnel.

Ainsi, il ne peut reconnaître la peur ou la colère à partir de photographies de visages d'acteurs dont les expressions ont pourtant été poussées au maximum. Dans une histoire mettant en scène des personnages dont l'un commet un « faux pas », une gaffe envers un autre personnage, il rate cette erreur d'interaction sociale. Quand on lui demande de choisir entre deux récompenses, ses choix sont incohérents d'un essai à l'autre. Enfin, il ne sait pas anticiper correctement les conséquences de ses actions futures.

Ces dissonances cognitives et comportementales peuvent paraître variées et hétéroclites, sans lien entre elles. Mais elles ont deux points communs : d'abord, elles reflètent une incapacité à élaborer et à organiser des actes volontaires, dirigés vers des buts précis, qui s'est développée au profit d'automatismes, de pulsions archaïques, de réflexes brusques déclenchés en réaction aux perceptions immédiates. Bref, voilà Marc privé de liberté d'action, esclave enfermé dans le présent.

Ensuite, ces troubles entrent sans exception dans la liste des symptômes d'une maladie cérébrale. Rappelez-vous, je l'ai nommée « démence frontale » ou « dégénérescence lobaire fronto-temporale », des termes barbares et inquiétants sans doute pour vous, mais qui ciblent parfaitement le mal aux yeux des neurologues. Pour eux, la « démence » n'est pas un « accès de folie » mais une maladie chronique dans laquelle le comportement ou les fonctions mentales se trouvent si altérés que l'autonomie de la personne s'en trouve affectée dans les gestes de la vie quotidienne comme conduire, téléphoner, faire ses comptes, voire s'habiller ou se nourrir. Le terme « dégénérescence », lui, indique qu'il s'agit d'une pathologie neurodégénérative, c'est-à-dire dans laquelle les cellules nerveuses – les neurones – disparaîtront progressivement. Cette perte neuronale s'accompagnera de l'altération lente de certaines fonctions mentales. Enfin, « frontale » signifie que les neurones malades se situent principalement dans une partie du cerveau, le lobe frontal* et plus précisément dans une région clé, le cortex préfrontal*.

Plongée dans le cerveau

Faisons ici un peu d'anatomie. N'ayez crainte, rien de bien méchant. Le cerveau humain est composé, entre autres, de deux hémisphères, gauche et droit. Or, comme les oranges, les hémisphères cérébraux ont une écorce : c'est le cortex*. Cette fine écorce grisâtre (que l'on appelle aussi la « substance grise ») est le centre névralgique du cerveau, duquel partent et arrivent les informations. Si l'on pénètre sous le cortex, nous voilà dans la profondeur des hémisphères, dans la « substance blanche », formée des prolongements des neurones. Ces prolongements, de longs câbles nommés axones, dessinent les grandes routes de communication qui relient les neurones du cortex. Imaginons qu'en faisant des mots croisés, vous recherchiez en huit lettres « pachyderme muni d'une trompe » : la région du cortex qui cherche à utiliser ce mot pour remplir les bonnes cases soumettra alors, via le réseau des axones, une requête à la zone mémoire correspondante. En retour, celle-ci renverra, toujours par ces routes profondes de communication, le mot « ÉLÉPHANT ».

Pour des raisons de commodité (mais aussi pour d'autres, plus essentielles), chaque hémisphère a été lui-même divisé par les neurologues en grandes régions, les lobes cérébraux. Il en existe quatre dans chaque hémisphère : les lobes occipital, pariétal, temporal et frontal. Ce découpage compte évidemment pour le cortex qui n'est que la peau des hémisphères. Par exemple, si vous touchez votre front, vos doigts se trouveront à moins de deux centimètres de l'extrémité avant des lobes frontaux et vous palperez presque son cortex derrière l'os frontal. Comme les lobes frontaux ne sont pas restreints strictement au front, mais s'étendent loin vers l'arrière du cerveau (voir la figure), on a baptisé cette partie avant du cortex frontal d'un nom spécifique : le cortex préfrontal.

Nous voilà parvenus dans le territoire que je vous propose d'explorer ensemble au fil de cet ouvrage. C'est aujourd'hui un « bout du monde », si peu visité par le commun des mortels, et qui pourtant aurait le mérite d'être mieux connu de tous, car en réalité, il est le représentant incarné de la pensée humaine. C'est lui qui est à l'origine de nos « superpouvoirs » cérébraux.

Les routes du cortex

Résumons-nous. Marc souffre d'une maladie chronique évoluant progressivement et affectant l'avant du cerveau, les lobes frontaux, et plus particulièrement l'écorce située à « l'avant de l'avant » du cerveau, le cortex préfrontal. Sa pathologie a dénaturé sévèrement sa personnalité et son comportement. Aussi, en « miroir », nous comprenons que le cortex préfrontal contribue à nous définir en tant qu'individu. À travers ce cas de dégénérescence neuronale se dévoilent à nous de multiples capacités « humaines », de la conscience au langage, du raisonnement à l'abstraction, de la représentation de nos valeurs et croyances à la créativité et à la motivation, de la compréhension d'un monde complexe à l'action volontaire.

Mais plus encore, nous qui nous croyons entravés dans notre liberté de mouvement par une multitude de contraintes physiques et biologiques ou par les mouvements inconscients de notre esprit (les fameux et multiples « biais » cognitifs), nous sommes en possession de cette « île au trésor », ce territoire cérébral, qui nous offre quelques degrés de liberté et un peu de latitude dans nos choix. Empruntons ensemble les routes du cortex et rendons-nous vers le cortex préfrontal pour explorer plus en détail les aptitudes incroyables qu'il nous confère.

2

DÉCODER LE MONDE

Où l'on apprend qu'un éléphant est une toile d'araignée

« À quoi sert le cerveau ? », vaste question que mon fils, alors jeune garçon, me posa. Il se trouve que quelques jours plus tard, je devais donner un cours introductif aux étudiants en médecine de 3e année sur le rôle de notre encéphale dans les grandes fonctions intellectuelles. En d'autres termes… « à quoi sert le cerveau ? » encore ! Comment résumer en deux heures cet ensemble cohérent et complexe qu'est le cerveau ? La tâche me paraissait aussi ardue qu'apporter une réponse à mon fils. Après une (brève) phase de découragement, je finis par trouver mon angle !

Si le cerveau a une finalité, c'est d'abord de nous permettre de percevoir, éventuellement de délibérer et, à la fin, d'agir. Il me suffisait (façon de parler) donc de retracer les étapes mentales nous permettant d'aller de la perception à l'action, en mettant l'accent sur l'architecture du cerveau. Vous vous souvenez de Marc, au chapitre précédent, et de son comportement robotique ? En dépit de la sérieuse pathologie dont il souffrait, il n'avait aucun problème pour reconnaître sa femme, monter les escaliers ou comprendre les propos de son neurologue. Bref, il décodait correctement le monde extérieur. Pour cette raison, il me paraît utile de commencer notre exploration par cette aptitude. Tellement banale que nous n'y pensons même plus. Mais faites-moi confiance, il s'agit bel et bien d'un « superpouvoir ».

Plusieurs étapes jalonnent, à mes yeux, le cheminement de l'information au sein des méandres de notre cerveau. Tout d'abord, il faut percevoir les signaux du monde, c'est-à-dire se représenter ce que nos organes des sens (l'œil, l'oreille, le toucher, les papilles gustatives, les capteurs olfactifs au fond du nez) enregistrent. Imaginez (encore) un éléphant. Un éléphant standard. Vous le visualisez ? Alors commençons. Sur votre écran mental, ce pachyderme est probablement massif, doté d'une cuirasse épaisse et grise. Il est muni de grandes oreilles, d'une trompe préhensile et de défenses d'ivoire. Comment cette image s'est-elle formée dans votre esprit ?

Il a d'abord fallu que le pachyderme ait été observé au moins une fois. C'est donc une question de vision. Les signaux captés par votre rétine ont été transmis au cerveau sous la forme d'impulsions électriques. L'œil capte, mais c'est le cortex cérébral qui voit ! Étonnamment, le cortex cérébral qui reçoit l'information visuelle n'est pas derrière les orbites, mais situé à l'extrême opposé, dans le lobe occipital (au niveau de l'occiput, le haut de la nuque).

Pourquoi si loin de l'œil ? Je vais vous livrer le premier secret du cortex : la signification de ce que vous voyez, mais aussi entendez ou touchez se dévoile progressivement à mesure que l'information chemine de l'arrière vers l'avant du cerveau. « Pas à pas », les différentes parties du cortex se passent le relais et l'influx nerveux acquiert, au fil de son voyage, la subtilité et la complexité d'une image aussi structurée que celle, évocatrice, de notre pachyderme. Pour la vue, ce premier arrêt près de la nuque se nomme le *cortex visuel primaire*. Si notre cerveau visuel se résumait à lui, notre éléphant nous apparaîtrait uniquement sous la forme de bandes verticales de contraste.

Ensuite, à partir de là, l'information visuelle se propage de proche en proche et bilatéralement vers l'avant, en empruntant diverses voies. Dès le milieu des années 1970, Leslie Ungerleider du National Institute of Mental Health à Bethesda, dans la banlieue de Washington, montra chez le primate non humain, puis chez l'Homme, qu'il existe au moins deux routes bien distinctes de propagation : celles du « *What* » et du « *Where* » [1]. Comme son nom l'indique, le « Quoi » (« *What* ») convoie des données visuelles concernant les caractéristiques physiques des objets : la forme de l'éléphant, sa taille, sa couleur ou la texture de sa peau. Placez vos mains derrière vos oreilles. En les déplaçant horizontalement jusqu'aux tempes, vous suivrez approximativement le chemin emprunté par l'influx nerveux : la route du « Quoi ».

Un éléphant dans le métro

Cette voie ressemble à une ligne de métro avec ses arrêts. Au début (de l'occiput à l'arrière des tempes), le traitement des données est très spécialisé : la station « Couleur » décode la teinte de notre éléphant (rose, si l'on est pris d'un *delirium tremens*), tandis qu'une autre que je nommerais « Formes élémentaires » dessine une esquisse de l'objet, la transforme en une forme géométrique basique, une sorte de gros quadrilatère pour un éléphant. Quand ces zones hyperspécialisées sont lésées, par exemple lors d'un accident vasculaire cérébral très localisé, il est possible de perdre la vision des couleurs ou la capacité à discerner des ronds, des carrés et des triangles, par exemple.

Plus on avance le long de la ligne du « Quoi », plus les stations traitent d'informations visuelles complexes. Ainsi, une zone au niveau de la tempe droite décode les détails des visages, comme cette fine moustache à l'anglaise qu'arbore fièrement votre oncle Jean. Quand cette partie du lobe temporal droit est détruite, il devient bien difficile de reconnaître « Tonton Jeannot » (le trouble correspondant s'appelle la prosopagnosie*).

Si vous placez votre index à l'endroit symétrique de l'autre côté de votre crâne (près de la tempe gauche), vous pointerez aussi une zone qui s'intéresse aux formes, non pas des visages, mais des mots. Cette unité de traitement s'est spécialisée dans le langage. Quand nous lisons, nous reconnaissons les mots tout d'abord par leur forme globale. Si cette zone est touchée par une lésion cérébrale, nous ne reconnaîtrons pas le mot « ÉLÉPHANT ». Mais il nous sera toujours possible de distinguer chacune des lettres et de lire le mot en épelant « E », « L », « E » … Le mot sera lu, quoiqu'au prix d'un temps de lecture important et d'un gros effort.

Cela demeure possible, car en amont de la station « Aire de la forme visuelle des mots » figure un autre arrêt qui cible les détails plus petits que des mots, comme les lettres. Ainsi, à droite et à gauche, ces mêmes zones travaillent de façon identique mais permettent le décodage d'informations visuelles différentes : les visages à droite et les mots à gauche. C'est explicable, car même si les deux hémisphères traitent de la vision, l'hémisphère gauche, dans lequel siègent les principaux centres du langage, orientera le décodage visuel vers la lecture plutôt que vers le visage de « Tonton Jeannot ».

Vous constatez qu'au fil de notre vagabondage sur la ligne du « Quoi » se forment des objets visuels de plus en plus gros et de plus en plus complexes. Toutefois, même s'il ne perçoit qu'une parcelle d'une image, par exemple une trompe qui sort de la rivière, le cerveau pourra extrapoler qu'il s'agit d'un éléphant, d'une certaine taille, positionné d'une certaine façon par rapport à vous. C'est l'avantage offert par les stations d'analyse situées très en aval sur la ligne du « Quoi » : elles savent reconstruire des images à partir de données partielles ou encore reconnaître des objets dans des présentations non canoniques.

« Certes, mais l'image d'un éléphant n'est pas la superposition de sa couleur, de sa texture et de sa forme », m'objecterez-vous. En effet, notre cerveau sait fusionner de façon éclatante tous ces éléments pour produire une vision globale. Comment ? Grâce à des « stations de correspondance » où se mélangent les passagers qui viennent de la station « Couleur » et ceux, par exemple, qui arrivent de la station « Formes élémentaires ». Leur taille s'accroît au fil de l'avancée des données. Dit autrement, plus on chemine vers l'avant des lobes temporaux, plus les neurones englobent des portions importantes de l'information visuelle. Tout se passe comme si, à l'origine, notre œil était collé contre l'éléphant et que nous nous reculions lentement. Dans un musée, il arrive qu'on doive faire quelques pas en arrière pour embrasser une toile dans sa globalité.

Votre cerveau effectue le même zoom arrière. Plus l'influx nerveux progresse sur la ligne du « Quoi », plus nos chances augmentent d'identifier l'éléphant, le troupeau, la savane alentour et l'horizon au loin.

Prenez la ligne B

Et l'autre route, celle du « Où » (« *Where* »), que fait-elle ? Elle convoie des informations visuelles à propos de la position de l'éléphant. Est-il face à nous, sur notre gauche, à quelle distance ? Comme la ligne « Quoi », celle-ci part du cortex visuel primaire (à l'occiput), mais au lieu d'aller vers les tempes, elle se dirige cette fois vers le haut du crâne. Placez un index sur le sommet de votre tête et déplacez-le d'environ 5 cm vers la gauche ou la droite : vous ciblez le lobe pariétal gauche ou droit, terminus de cette voie. Une lésion dans le cortex pariétal et votre perception de l'espace dysfonctionnera. Chose curieuse, l'hémisphère droit prime pour la perception de l'espace. C'est pourquoi une blessure dans cet hémisphère causera un trouble important, qui consiste à négliger les événements se produisant sur sa gauche. Lors d'un safari en Tanzanie, vous admirerez la savane devant vous mais vous ne « prêterez pas » attention à l'éléphant qui s'approche dangereusement de votre Jeep. Vous ferez comme s'il n'existait pas !

Si les destructions touchent les deux lobes pariétaux, alors l'espace se trouve morcelé en plusieurs petits espaces qui paraissent indépendants les uns des autres. Je me souviens d'un patient atteint d'un tel problème que l'on nomme le syndrome de Balint. Lorsqu'on lui montrait une photo en double page d'un magazine, il ne voyait qu'un détail comme la roue d'une voiture, mais il ne distinguait pas le véhicule qui, pourtant, occupait tout l'espace. Après avoir été pressé de faire un effort, ses yeux commençaient à se mouvoir et à balayer l'image. Il captait un autre détail, la tête du conducteur du véhicule mettons, mais n'établissait aucun lien entre la roue et le personnage. Sa perception visuelle du monde n'existait que de façon fragmentaire, à travers une portion congrue de l'espace visuel.

Chez le singe puis chez l'Homme, les chercheurs ont découvert l'existence d'une troisième ligne convoyant la vision, anatomiquement située entre les voies du « Quoi » et du « Où ». Elle sert à percevoir et à comprendre le mouvement d'une chose. Cette troisième voie est essentielle pour appréhender le monde dans sa complexité. Le pachyderme fonce toujours vers la Jeep : en une fraction de seconde, nous avons identifié qu'il s'agissait d'un éléphant, que ses défenses étaient gigantesques, qu'il battait de ses oreilles, qu'il venait des broussailles à gauche du véhicule, qu'il se rapprochait à grande vitesse et, compte tenu de la distance parcourue, qu'il allait probablement nous percuter… à moins que notre chevronné chauffeur n'ait anticipé la charge.

« Tout est en tout » et réciproquement

Comment les trois lignes, du « Quoi », du « Où » et du « Mouvement » se sont-elles synchronisées pour peindre ce tableau ? Voici un autre secret du cortex : à mesure que l'influx nerveux se dirige vers l'avant du cerveau, les routes se connectent, les lignes se croisent et les informations s'échangent dans les stations de correspondance. Toutes sortes de combinaisons sont possibles et en s'engouffrant dans l'un de ces nœuds de transit, il est possible de rejoindre le terminus, mais aussi n'importe quelle station d'une autre ligne.

Ce n'est pas tout. Le principe d'organisation que je viens de décrire pour le système cérébral de la vision s'applique aussi à l'audition. Le traitement sonore possède ses lignes dotées de stations, certaines avec et d'autres sans correspondance et, comme pour la vision, plus on va vers l'avant du cerveau plus l'information auditive est intégrée et… plus elle se mélange avec d'autres données, autorisant une connaissance multimodale (auditive, visuelle et aussi tactile) du monde. Si je vous fais entendre un barrissement et vous demande « De quelle couleur est l'animal qui émet ce son ? », l'influx nerveux circulera sur la ligne de l'audition, jusqu'à reconnaître le son du barrissement ; puis il s'engagera dans une station de correspondance afin d'emprunter la ligne du « Quoi » jusqu'à la station « Couleur ».

Le pouvoir des sens… Entendre un barrissement évoque immédiatement dans votre esprit l'image d'un éléphant. Ce sont les mêmes régions du cerveau qui permettent de voir et de convoquer l'image d'un éléphant. C'est la preuve que l'animal est représenté de façon parcellaire dans notre cerveau. Toute notre connaissance de cet animal n'est pas concentrée en un lieu unique, mais répartie à la façon d'un « puzzle » et elle est reconstituée par l'activation simultanée de plusieurs stations. In fine, toutes nos connaissances sont distribuées dans un réseau de neurones hautement connectés, une immense toile d'araignée constellée de « hubs ». Quand je perçois ou que j'évoque mentalement un objet du monde, un certain nombre de fils et de hubs s'illuminent ensemble et activent la trace organique de ma mémoire (ce que les neurobiologistes appellent l'« engramme »).

Notre connaissance de l'éléphant ne s'arrête pas à son image visuelle et à son barrissement. Il y a aussi le mot « ÉLÉPHANT », sa forme sonore, sa forme visuelle, son orthographe irrégulière. L'espèce renvoie à quantité d'informations. Il vit en Afrique ou en Asie, a permis à Hannibal de franchir les Alpes, a servi de titre pour les films de David Lynch (*Elephant man*), de Gus Van Sant (*Elephant*) ou d'Yves Robert (*Un éléphant ça trompe énormément*), un petit mammifère appelé le daman des rochers est son plus proche parent, etc. Ainsi, cette toile d'araignée forme un gigantesque réseau sémantique où les connaissances sont reliées les unes aux autres de manière plus ou moins directe. Combien de lignes et de stations de correspondance faut-il traverser mentalement pour voyager de la trompe de l'éléphant à la corne du rhinocéros et de celle-ci à Istanbul ? Cela dépend de la façon dont chacun a créé son propre réseau sémantique. Nous y reviendrons plus tard.

« Du pa-on ! C'est quoi du pa-on ? »

Cette toile d'araignée hyperconnectée possède un nœud essentiel. Il est situé quelque part à l'avant des tempes. C'est un immense hub qui interconnecte nos connaissances didactiques (la géographie, l'histoire ou la culture générale). Il me rappelle The Stack à Los Angeles, ce gigantesque entrelacs de spaghettis où s'entrecroisent des autoroutes venues de partout. Le jour où un tremblement de terre frappera cet endroit, alors les habitants de Sacramento, au nord de la Californie, auront du mal à rejoindre ceux de San Diego, au sud, ou à aller à Phoenix en Arizona en passant par Los Angeles. Il se trouve qu'une maladie neurodégénérative affecte ce hub du cerveau et produit le même type de désorganisation routière : la démence sémantique*. En empêchant nos connaissances sémantiques de se relier les unes aux autres, cette maladie crée le chaos dans notre savoir.

En voici un exemple édifiant à travers l'histoire de Martine. Cette patiente a 45 ans lorsque je la reçois. Son père, inquiet de son comportement, l'a traînée contre son gré dans mon cabinet. Elle est élégante, souriante et tout semble aller pour le mieux chez elle jusqu'à…

« Qu'est-ce que je fais ici ? Mon père est idiot ! C'est lui qui est malade, il ne comprend pas ce que je lui dis !

— Bonjour Madame, pour commencer, pouvez-vous me dire votre âge ?

— Mon âge ? C'est quoi ça ?

— Quelle est votre date de naissance ?

— Ma date de récence ?

— Non, votre date de naissance ?

— L'endroit où je travaille ? Où j'habite ? »

La discussion se prolonge tandis que le malaise s'installe. Martine n'est pas sourde, mais ne semble pas comprendre mes mots. Le langage est correctement formulé… en quantité. La grammaire et la syntaxe forment un ensemble cohérent, pourtant toutes mes questions restent éludées. Je n'obtiens aucune des informations que je sollicite, non pas par manque de collaboration de sa part, mais parce que le discours est creux et « à côté ». Je note de temps à autre qu'elle remplace un mot précis par le « truc » ou le « machin ». Ces propos glissants et peu informatifs, ces difficultés à comprendre des concepts simples comme son âge, je les ai déjà rencontrés. Et si c'était… Je me lance :

« Qu'est-ce qu'un « igloo » ?

— Ça vit en Afrique ?

— Vous voulez dire qu'un igloo est un animal ?

— Oui, un animal…

— À quoi ressemble-t-il ?

— Je n'en ai jamais vu ! Peut-être avec des longues pattes. Il court vite. »

Je montre alors à Martine un cliché des pyramides de Gizeh et deux images d'arbres – un sapin et un palmier (c'est une série de photos extraites du Palm tree test, un test psychométrique servant à évaluer les connaissances sémantiques). Avec laquelle des deux images d'arbres ces pyramides iraient le mieux ? lui demandé-je. Impossible pour elle de les apparier. Je lui tends ensuite une feuille où sont écrits divers mots : « Abbaye », « Chœur », « Yacht » et « Paon ». Je la prie de me les lire à voix haute. Elle s'exécute, mais en les prononçant phonétiquement, comme si elle les découvrait pour la première fois. Elle s'arrête sur le dernier : « Du pa-on ! C'est quoi du pa-on ? ».

Comment analyser cette petite conversation ? Tout d'abord, Martine n'a pas conscience de souffrir d'un problème cognitif. Au mieux se rend-elle compte qu'elle est incomprise de son entourage. Ensuite, ses propos spontanés paraissent vides de sens, des mots « génériques » remplaçant le vocabulaire précis. Ma patiente ne semble pas avoir complètement accès aux connaissances sémantiques comme sa date de naissance, un contexte géographique ou ce qu'est un igloo. Sa lecture phonétique montre que les mots stockés dans son lexique lui sont interdits, comme si chaque terme était nouveau pour elle.

En somme, ses connaissances sémantiques sont désorganisées et son cerveau a du mal à mobiliser le bon chemin pour accéder à certaines parties de ces informations. Son hub dans l'avant des tempes a été probablement touché par l'équivalent cérébral d'un séisme. L'IRM cérébrale pratiquée quelques jours plus tard confirmera que, par un mécanisme de neurodégénérescence progressive, le cortex temporal gauche a presque disparu et a été remplacé par du liquide céphalorachidien* venu combler l'espace laissé vacant. L'intuition de départ était la bonne. Elle est affectée d'une « démence sémantique » qui, en détruisant le hub temporal, crée le chaos dans les routes reliant les différentes composantes formant son réseau de connaissances du monde. Je ne reverrai plus Martine.

Finalement, un éléphant ou une toile d'araignée ?

Vous l'aurez compris dans ce chapitre, c'est grâce à votre cortex (et plus précisément des zones au niveau de l'arrière et du sommet du crâne et des tempes) que vous capturez les informations sensorielles issues de l'extérieur. Cette vaste portion de notre cerveau décode ces « fragments » de l'environnement, puis les assemble (elle les intègre, disent les neurobiologistes) pour constituer l'ensemble de nos connaissances du monde. D'un point de vue architectural, notre mémoire sémantique se présente sous la forme d'un réseau connectant les neurones, dans lequel chaque nœud renferme une parcelle d'information. Qui aurait parié que notre éléphant mental serait une toile d'araignée ?

Voilà les acteurs cérébraux qui opèrent dans notre rapport avec le monde extérieur. Et perception, intégration puis mémorisation : telle est la gymnastique que pratique notre cortex cérébral chaque seconde de notre vie consciente. Dans quel but ? Dans celui de préparer le terrain pour le moment où nous passerons à l'action, afin que nous disposions de tout ce qu'il est nécessaire de savoir pour nous comporter de façon adéquate face à une situation donnée. Pour que nous soyons *libres* de décider, si jamais c'est possible. Mais qu'est-ce que l'action ? Comment se construit-elle ? Et quelle(s) partie(s) du cerveau tire(nt) les ficelles ?

3

SE LIBÉRER DES AUTOMATISMES

Où l'on apprend pourquoi les vaches broutent

Lors d'un débat entre deux députés de bords politiques différents, l'un accusa l'autre de s'opposer à sa proposition de loi sans autre raison qu'un « réflexe pavlovien » d'opposition systématique, indépendamment du fond et du contexte, sans autre raison que dogmatique. Dans la vie quotidienne, l'expression sert à décrire chez un individu un comportement instinctif, automatique, toujours déclenché dans les mêmes conditions et assez peu flexible.

Petit rappel pour les moins assidus des classes de sciences naturelles : Ivan Pavlov (1849-1936) fut l'un des plus illustres physiologistes russes. Prix Nobel de médecine en 1904 pour ses travaux sur la digestion, il mit en évidence l'apprentissage conditionné chez le chien : si on associe répétitivement le son d'une clochette à un morceau de viande qui fait saliver l'animal, alors à l'avenir, le seul tintement de la clochette suffira à le faire saliver. Le réflexe pavlovien (le vrai, celui des biologistes) se range parmi les comportements automatiques, une catégorie de « programmes neuronaux » aussi fascinante qu'elle nous est indispensable tous les jours.

« Richard ! Pourquoi les vaches broutent-elles ? Parce qu'il y a de l'herbe ! » C'est ainsi qu'un matin, le professeur Bruno Dubois, mon maître, les yeux brillants, m'asséna d'un ton victorieux cette « évidence ». À ce stade, peut-être considérez-vous que nous enfoncions des portes ouvertes et que le niveau de la neurologie à la Salpêtrière, fief de Charcot, était tombé bien bas. Mais Bruno Dubois a cette élégance de savoir, d'une formule lapidaire, résumer une pensée profonde.

Quel éclair de lucidité renfermaient ses propos aux airs de boutade ? Dans une vision matérialiste du monde, les finalités de la vache – et de tout être vivant – sont sa survie ou celle de son espèce, et le maintien de son équilibre biologique interne (la stabilisation de la température, de la pression artérielle, etc.), ce que les médecins désignent sous le terme d'homéostasie. Pour remplir ces besoins, les vaches n'ont pas eu d'autre choix que de s'adapter à leur environnement. Et perpétuer d'une génération à l'autre un cycle « perception – action » simple : l'herbe est présente, le ruminant en a besoin et il la broute. C'est automatique.

Comme une poule sans tête

La plupart de nos comportements relèvent d'automatismes. Ils peuvent être innés ou issus d'un apprentissage. Certains apparaissent complexes, comme passer les vitesses sur la boîte manuelle d'une voiture, ou taper sur le clavier de son ordinateur. D'autres sont simples, telle notre réaction lorsque le médecin nous frappe sur la rotule avec un marteau réflexe. Toute la volonté du monde ne peut empêcher notre jambe de s'élancer vers l'avant. De façon étonnante, ce réflexe rotulien dépend bien de notre système nerveux, mais est indépendant du cerveau : le choc du marteau se transforme en signal nerveux cheminant vers la moelle épinière qui, en retour, déclenche le mouvement. En des temps moins regardants sur la condition animale, les professeurs de sciences naturelles décérébraient les grenouilles, puis amusaient les collégiens en déclenchant des brasses chez les pauvres batraciens (par section de la moelle épinière). C'est le même principe que le réflexe rotulien.

Les histoires de poules qui continuent à courir après décapitation ? Même principe. En fait, le système moteur passant par la moelle dispose d'une certaine autonomie, ce qui permet d'entretenir des mouvements aussi coordonnés que la course, même quand le gallinacé a perdu la tête. Les mouvements respiratoires et les contractions de notre cœur ? Idem. Même si occasionnellement nous pouvons contrôler notre souffle, ces actions demeurent involontaires et automatiques. En revanche, *a contrario* des précédentes, celles-ci dépendent du cerveau, de sa partie la plus basse qui affleure la moelle épinière, une région nommée « tronc cérébral ».

Comment de nouveaux automatismes, plus complexes, se gravent-ils en nous ? Au-dessus du tronc cérébral se trouvent les hémisphères cérébraux. Cette masse cérébrale est en mesure de fabriquer de nouveaux comportements. Un grand nombre d'entre eux deviennent des automatismes conscients par répétition du cycle « *je perçois – j'agis* », opérée toujours dans des circonstances identiques. Autant d'automatismes qui sont alors déclenchables sans la volonté ou la pleine conscience.

Ces routines se mettent en place par différents mécanismes d'apprentissage. Par exemple, la mémoire associative nous permet d'associer arbitrairement le feu « au rouge » avec l'arrêt du véhicule. Ce n'est pas inné mais acquis. Plus complexes encore, mais tout aussi automatiques une fois acquis, sont les apprentissages que l'on nomme « procéduraux ». Grâce à eux, vous avez appris à faire du vélo, à conduire et même à lire.

Une illustration de leur incroyable puissance ? Si vous prenez régulièrement le volant, vous avez sûrement vécu cette drôle d'expérience : vous empruntez un itinéraire connu par cœur (de votre lieu de travail à votre domicile, par exemple) et soudain, vous voilà arrivé devant chez vous, sans le souvenir d'aucun virage ni de vous être arrêté à aucun feu de signalisation. Absorbé dans vos pensées, vous rouliez en mode « pilote automatique ». C'est votre mémoire procédurale motrice* qui était aux manettes et qui vous a permis de vagabonder mentalement tout en vous conduisant à bon port. C'est aussi elle qui guide vos doigts quand vous composez machinalement le code d'entrée de votre immeuble.

Apprendre, c'est répétitif

Pour tester notre capacité à apprendre des procédures motrices, des chercheurs ont mis au point une méthode infaillible : on fait tourner un disque (du genre vinyle 33 tours) marqué d'une pastille blanche en périphérie, et on demande au sujet de maintenir la pointe d'un stylet le plus longtemps possible sur la pastille. Ce n'est pas si simple et, lors de la première session, le temps de contact est bref. Seule la répétition quotidienne des séances améliore les performances et allonge cette durée. Après quelques sessions, le résultat plafonne : le temps de contact est stable et ne s'améliore plus. C'est le signe que la procédure est acquise et le geste devenu automatique.

Le cerveau fonctionne-t-il en deux phases bien distinctes ? Les circuits neuronaux en jeu ont changé en cours de route. Lors de l'apprentissage, le cortex cérébral est sollicité. Mais une fois la procédure devenue automatique, celui-ci ne participe plus à la réalisation de l'action. Il se décharge sur d'autres structures, plus « primitives », situées dans la profondeur des hémisphères cérébraux : les ganglions de la base (nommés ainsi car ils sont à la base du cortex). Il s'agit de régions de formes arrondies, aux faux airs d'écouteurs pour sportifs (ceux aux appendices qui entourent l'oreille). Composés de neurones, les ganglions de la base sont au cœur de nos comportements procéduraux, y compris de réactions non motrices et plus complexes. Un exemple ? L'épreuve de la lecture en miroir.

Dans cette tâche, il faut lire un texte inversé comme s'il était projeté sur un miroir. La difficulté vient surtout des lettres aux jambages identiques telles que le « p » et le « q » ou le « b » et le « d », qu'on identifie avec retard. En effet, après des années d'acquisition de la lecture, il est difficile de transposer l'image de telles lettres, ce qui oblige à une lecture plus contrôlée, moins automatique. Si vous vous essayez à l'exercice, l'obstacle rendra pénible votre première session : vous aurez un mal fou à vous défaire de l'idée qu'un « p » inversé n'est pas un « q ». Il faudra vous entraîner sur de nouveaux textes (similaires en termes de nombres de lignes, de mots, de lettres à jambages identiques, de fréquence lexicale, etc.) pour corriger vos réflexes. De séance en séance, la vitesse de lecture augmentera jusqu'à saturer. Les maladies touchant les ganglions de la base, comme la maladie de Parkinson, affectent considérablement la courbe d'apprentissage de cette procédure non motrice.

Les ganglions de la base peuvent être considérés comme les précurseurs du cortex cérébral, un « mini-cortex » niché dans les tréfonds du cerveau. D'ailleurs, lors de la prime enfance, dans l'attente que le cerveau atteigne sa maturité, ces structures cérébrales assurent *a minima* des fonctions qui seront ultérieurement dévolues au cortex, comme cela a été montré chez de petits macaques rhésus de six mois. Cela ne veut pas dire que le cortex cérébral n'est en rien impliqué dans les comportements automatiques. « Je perçois » nécessite les cortex pariétaux et temporaux pour bien percevoir l'environnement, puis l'intégrer et aller puiser dans sa mémoire pour déterminer si une situation identique a déjà été rencontrée. À ces deux régions du cortex, il est possible à présent d'adjoindre deux régions supplémentaires : celles qui organisent le mouvement et le déclenchent, celles du « *J'agis* ». Ces zones se nomment les cortex prémoteur et moteur primaire*. Elles sont situées en avant des cortex pariétaux et temporaux, dans les cortex frontaux. Remettez votre index sur le sommet de votre crâne puis déplacez-le d'environ cinq centimètres vers l'avant puis faites-le glisser latéralement (vers la gauche et la droite). Vous y êtes !

Le monstre en nous

Maintenant, imaginons que vous rencontriez pour la première fois un collègue de travail. Les présentations sont faites : il vous tend la main droite pour vous saluer. Vous procédez de même. Ce contexte social est connu et la réponse appartient à un schéma classique, automatiquement déclenchable. Il est stocké dans votre toile d'araignée des connaissances et il activera une action de votre part. C'est à ce moment que vos deux cortex frontaux vont agir.

Tendre la main est un geste complexe. De nombreux muscles sont engagés simultanément et séquentiellement. Certains doivent être contractés et d'autres relâchés dans une vague synchronisée. En tant que superviseur, expert en planification des actions, le cortex *pré*moteur (qui porte judicieusement son nom) organise la séquence du mouvement (le cortex prémoteur gauche programmera les mouvements de la main droite, comme le droit s'occupera de ceux de la main gauche). Il transmet ensuite ce programme au cortex moteur, qui envoie ensuite un signal électrique qui transite, via la moelle épinière, jusqu'aux nerfs moteurs, lesquels actionnent les muscles du bras. Vous serrez alors la main de votre interlocuteur, vous pliant « involontairement » à la marque de politesse.

Dans les cortex prémoteur et moteur primaire, les deux donneurs d'ordre du mouvement, tous les membres du corps ne sont pas traités sur un pied d'égalité. Sur un dessin devenu célèbre, le neurologue canadien Wilder Penfield s'amusa, au début du XXe siècle, à superposer une silhouette humaine sur le cortex, en plaçant les membres sur les régions cérébrales qui les commandent. Il montra que cette représentation, qu'il nomma l'*homonculus*, était déformée. La place de la main et de la bouche, sur le plan moteur comme sur le plan sensoriel, y est prépondérante, par exemple. En d'autres termes, nous avons dans les parties motrices du cerveau « un petit bonhomme » un peu monstrueux affublé d'une énorme langue et d'une gigantesque main. Une priorité somme toute normale, car ce sont les parties du corps qui demandent les plus grandes agilités et précisions.

Ainsi, un comportement automatique met en jeu une vaste gamme de régions cérébrales selon son type. À un moment ou à un autre, les organes de perception (audition, vision, toucher, olfaction et odorat), le tronc cérébral, la profondeur des hémisphères cérébraux avec ses ganglions de la base, de nombreuses zones du cortex, puis la moelle, les nerfs moteurs et les muscles peuvent participer à ces automatismes. Autant dire que presque tout le système nerveux est impliqué… sauf une large région : le cortex préfrontal !

Mentalisme

Tous ces comportements automatiques servent la survie et l'homéostasie. Leurs avantages ? Ils se déclenchent rapidement et sont économes en énergie. Ils sont en effet implémentés dans notre mémoire, préactivés et donc très facilement mobilisables. Aucune réflexion, aucune délibération, n'est engagée. À l'arrivée : une réaction immédiate et salvatrice (« l'instinct de survie ») qui libère l'esprit pour des tâches intellectuelles plus demandeuses. Par exemple, on peut conduire et philosopher en même temps (ou plus simplement marcher et mâcher du chewing-gum, sauf si l'on se nomme Gerald Ford, le 38e président des États-Unis, décrit comme maladroit et qui essuyait les moqueries de son principal opposant politique Lyndon Johnson et de la presse, expliquant qu'il était incapable de faire les deux choses à la fois).

Le revers de la médaille de cette capacité multitâche ? Tout d'abord, le pilotage mental automatique peut nous induire en erreur ou nous précipiter vers une réponse *évidente*, mais pas nécessairement adéquate. Ce sont les fameux « biais cognitifs ». En voici un exemple, que l'on nomme l'« amorçage sémantique ». « NAVAL », « ÉPÉE » et « COLLE ». Vous venez de lire ces trois mots. Nul besoin de les retenir. Si le lendemain, je vous présentais les trois mots suivants : « CHANTIER », « CHEVALIER » et « PAPIER » puis vous demandais pour chacun d'eux de me donner le premier mot qui vous vient à l'esprit, les mots « Naval » (pour « Chantier »), « Épée » (pour « Chevalier ») et « Colle » (pour « Papier ») pourraient vous venir plus facilement que ne le voudrait le hasard. Ils ont été pré-activés la veille plutôt que d'autres mots au sein de la toile d'araignée de votre réseau sémantique, lorsque vous les avez lus la première fois.

N'est-ce pas une bonne stratégie pour faire pénétrer en nous les discours propagandistes ou les associations subtiles d'idées nous poussant vers l'achat de telle voiture de telle marque ? Les mentalistes ont de même recours à des techniques d'amorçage pour donner l'illusion de lire dans nos esprits.

Le second écueil des comportements automatiques est leur grande stabilité et, par conséquent, la difficulté à les éteindre et à les remplacer. Or, l'adaptation à un monde complexe nécessite de la flexibilité mentale. Les automatismes s'opposent à cette agilité. En effet, comment s'adapter à un environnement voire à une société en mouvement rapide, où les règles d'antan sont remplacées par de nouvelles ? Dans ces circonstances, les conditionnements, nous ramenant toujours vers un système dépassé, caduc, nous desservent. L'extinction massive d'espèces qui frappe actuellement le monde animal est, en un sens, liée à l'incapacité à changer très rapidement de comportement, c'est-à-dire à sortir des automatismes.

Les automatismes sont ancrés dans le présent. L'immédiateté, voilà ce qui nous asservit. Le cycle « *Je perçois – j'agis* » produit une réponse instantanée aux contraintes qui s'imposent à nous. Ils n'offrent pas de marge de manœuvre. C'est alors qu'un second registre de comportements intervient : les actions conscientes et délibérées. Celles qui permettent de réfléchir avant d'agir. En d'autres termes, le cycle « *Je perçois – j'agis* » est rompu en son milieu pour ouvrir un espace mental de délibération consciente : « *Je perçois – je réfléchis – j'agis* ». De quoi alors contrôler mon impulsivité, prendre une décision reposant sur l'analyse du contexte, sur les conséquences possibles des actions envisagées. C'est l'esprit critique. Je peux aussi faire travailler mon imagination, c'est-à-dire m'extraire de la perception du réel pour penser ce qui n'est pas (encore). C'est l'esprit créatif.

S'affranchir du temps

Cet espace intermédiaire de réflexion entre la perception du monde et l'action à venir est une zone où peuvent être représentées ensemble, confrontées ou assemblées, les trois dimensions temporelles : le passé, le présent et le futur. Le passé, ce sont nos souvenirs, nos croyances et nos connaissances du monde. Le présent, c'est le monde des perceptions externes (ce que nos yeux voient, ce que nos oreilles entendent, ou les molécules que nos papilles gustatives et nos récepteurs olfactifs capturent) et les perceptions internes (la faim, la soif, la douleur, mais aussi les émotions et nos états affectifs). Le futur, c'est le champ possible des actions et leurs conséquences espérées, évitables ou tout simplement imaginées. La prise de décision consciente prend en compte ces trois champs temporels et nous émancipe du cycle « *Je perçois – j'agis* », concentré sur le présent, l'immédiateté.

Dès lors, une part de notre liberté ne réside-t-elle pas dans cet espace intermédiaire entre la perception et l'action ? Si nous étions les acteurs exclusifs du temps immédiat, nous vivrions sous la dictature permanente de nos perceptions. La vache voit de l'herbe, elle broute. Une pulsion m'envahit, je l'assouvis. Si tel était le sort de l'humanité, nous serions les tristes esclaves de nos sens. *A contrario*, la possibilité qui nous est donnée d'ouvrir, entre le présent et l'action à venir, un espace mental dans lequel les différentes dimensions de notre pensée sont représentées et utilisées conjointement pour délibérer nous permet de retenir un instant le harnais de notre attelage, le temps d'une décision réfléchie. En cela, nous créons quelques degrés de liberté entre la force puissante qu'exercent sur nous les contraintes externes (celles de notre environnement et les pressions sociales) et internes (celles de nos viscères et de nos émotions).

Sommes-nous pour autant complètement libres ? Tout d'abord, cet espace mental « tampon » de réflexion ne représente que ce que l'humanité peut appréhender : notre esprit conçoit le monde par le biais d'un système biologique fait de cinq sens, eux-mêmes soumis à des capacités limitées. Nos capacités cognitives individuelles, bien qu'extraordinaires par comparaison aux autres espèces vivantes, sont limitées. Ainsi, nos aptitudes intellectuelles réduisent certainement à peu ce que nous sommes en mesure d'imaginer. Il existe donc certainement une limite à notre imagination. Ensuite, nous marchons sur les pas de nos prédécesseurs. Notre trajectoire s'inscrit sur celles d'expériences déjà passées. Enfin, dans la mesure où chaque moment est lui-même conditionné par le précédent, notre marge de manœuvre s'en trouve réduite.

Pourtant, dans ce chas d'aiguille, ce tunnel étroit qu'emprunte notre existence, les quelques degrés de liberté produits par l'espace mental de délibération et d'imagination, si minimes soient-ils, font toute la différence entre les sujets libre et assujetti. En effet, de toutes les espèces vivantes, c'est chez *Homo sapiens* que cette capacité à sortir du présent est de loin la plus marquée. Ce « superpouvoir » nous a émancipés, à la différence de tout autre animal, des contraintes de l'immédiateté, de ce que d'aucuns pourraient nommer « l'ordre apparent des choses », l'ordre « établi par la nature », que les autres êtres vivants acceptent et auquel ils s'adaptent souvent parfaitement. Cette aptitude cognitive plus développée chez nous a érigé nos sociétés en civilisations fondées sur l'imagination, nous a amenés à penser au-delà des apparences, à concevoir qu'il était possible de voler, d'atteindre la Lune, de se déplacer sous l'eau… Autant de « transgressions » qui ne se produisent au départ que par le truchement de l'imagination.

Cette idée – qu'il existe un espace où nous manipulons des représentations mentales – est-elle une pure abstraction, une façon simple de formuler notre condition si particulière au sein du monde vivant ? Non, elle repose sur une réalité bien palpable ! Cet espace de liberté est incarné organiquement dans notre cerveau. Ce n'est en rien une illusion, mais une observation biologique que l'on décrit de mieux en mieux. Dans l'ébauche rapide de notre cortex au sein de ce chapitre et du précédent, il manquait une pièce. Elle est de grande taille, car elle couvre chez l'Homme un tiers du cortex : le cortex préfrontal. Notre organe de liberté.

4

LA VOLONTÉ D'AGIR

Où l'on apprend comment furent découverts les pouvoirs du cortex préfrontal

Dans *Vol au-dessus d'un nid de coucou* de Milos Forman (1976), l'un des grands rôles de Jack Nicholson, un délinquant nommé Mc Murphy simule la « folie » et se fait interner dans un service de psychiatrie afin d'éviter la prison. Dénonciation de l'enfermement et du sort réservé alors aux malades mentaux, le film montre l'anéantissement final de Mc Murphy, personnage violent et incontrôlable qui subira une lobotomie frontale. Par la suite, il est montré alité, hagard, sans volonté et inerte, telle une plante verte. Les cinéphiles savent aussi que le même destin est promis au personnage probablement atteint de schizophrénie, joué par Leonardo di Caprio, dans *Shutter Island* (2010) de Martin Scorsese.

Ces films reflètent un état des connaissances qui a longtemps prévalu en neurologie. Jusqu'au milieu du

XXe siècle, aucune fonction particulière n'était attribuée au cortex préfrontal. C'était une mystérieuse « boîte noire ». Au mieux, sa destruction semblait bénéfique pour traiter certains patients. La lobotomie frontale pratiquée par les psychochirurgiens consistait à faire pénétrer par le nez une pointe métallique dans les lobes frontaux, de manière à les déconnecter des autres parties du cerveau. Étonnamment et malgré l'importance fonctionnelle du cortex préfrontal aujourd'hui reconnue, c'était alors une *terra incognita*.

La situation a drastiquement changé depuis et cette région du cerveau est même devenue l'une des stars de la neurologie. Si vous faites une recherche dans PubMed, le moteur de recherche des articles scientifiques et médicaux mis en place par le National Institutes of Health (NIH), en d'autres termes dans la plus grande bibliothèque scientifique du monde, avec comme mots-clés « prefrontal cortex », vous trouverez plus de 70 000 entrées. C'est-à-dire qu'il y a plusieurs dizaines de milliers d'articles publiés depuis 1950, dont plus de 4 000 en 2023, dans lesquels ce nom apparaît dans le titre ou dans le résumé de l'article. C'est dire l'intérêt porté à cette structure.

Avec le recul, que nous apprend la lobotomie frontale infligée à Mc Murphy ? Que le cortex préfrontal joue un rôle majeur dans nos comportements. En calmant les patients, et sans le savoir, les chirurgiens ajoutaient à la maladie mentale une couche supplémentaire de symptômes dus à l'altération du fonctionnement du cortex préfrontal. L'apathie et l'inertie, produites par la déconnexion du cortex préfrontal du reste du cerveau, étaient tellement marquées qu'elles masquaient l'agitation et les délires des patients psychotiques. Qu'est-ce que l'apathie ? C'est la réduction en quantité des comportements dirigés vers des objectifs qui répondent à notre volonté. En miroir apparaît donc une fonction majeure du cortex préfrontal, l'une des prouesses qu'il réalise : la capacité à produire des actions volontaires dirigées vers un but. En somme, l'inverse des automatismes.

L'histoire de cette découverte a son héros : le Russe Alexandre Romanovitch Luria (1902-1977), considéré aujourd'hui comme l'un des plus éminents neurologues. On lui doit l'idée que le cortex préfrontal joue un rôle clé dans le contrôle des comportements. Comment lui est-elle venue ? Au terme d'un long cheminement intellectuel nourri par les mille et une expériences qu'a accumulées ce personnage hors norme au cours de sa carrière. Partir sur ses traces, c'est feuilleter le grand livre de la connaissance du cerveau et découvrir comment la psyché s'incarne progressivement par l'apport des connaissances portant sur la matière, c'est-à-dire le cerveau.

Neurologue ou psychologue ? Faut-il vraiment choisir ?

Dans les années 1920, pendant ses études de sociologie puis de psychologie, Luria correspondit avec

Freud et organisa un cercle de psychologie analytique. Ayant acquis une certaine notoriété, il décrocha en 1921 un poste de chercheur à l'Institut de psychologie de Moscou, où il développera une méthode de détection des états mentaux. Son outil intéressa le département de criminologie à Moscou, dont il deviendra le chef, et servit d'inspiration pour le développement aux États-Unis du fameux « détecteur de mensonges ».

Luria fut l'élève assidu du psychologue Lev Vygotsky. Comme son mentor, il s'opposa à l'universalisme de la construction de la pensée qui prévalait alors, et prôna l'idée que les modes de vie, l'histoire d'une société, ses coutumes et la pression de l'environnement social modèlent la cognition. En 1937, à l'âge de 34 ans, il devint le plus jeune professeur de psychologie de Russie. Neuf ans plus tard, suivant l'exemple de son père, il deviendra médecin, praticien neurologue. Cette double formation sera décisive, car elle lui permettra d'opérer au confluent de deux disciplines, en assurant la synthèse entre la psychologie, immatériel fruit de la psyché, et la neurologie, qui a pour objet d'étude la matière cérébrale. Ce faisant, il signera l'acte de naissance de la neuropsychologie moderne.

La neuropsychologie ? Il s'agit de l'étude des bases cérébrales de la psychologie, réalisée par l'analyse fine des troubles intellectuels et comportementaux secondaires aux lésions du cerveau. Cette science unit la psychologie expérimentale avec la pathologie, l'anatomie et la physiologie de l'encéphale. C'est aussi une discipline médicale, qui cherche à identifier et à évaluer les troubles de l'intellect et du comportement, à les relier à des dommages cérébraux, et à proposer une prise en charge par la rééducation. Elle s'intéresse aux troubles de la mémoire, du langage ou du raisonnement, par exemple. Plus récemment, elle a intégré en son sein les troubles de la prise de décision, de l'empathie, de la motivation, du jugement moral ou encore de la créativité.

Le comportement, une histoire de fesses ?

Le projet de marier psyché et neurones se consolidera dans la pensée de Luria par son expérience durant la Seconde Guerre mondiale : il sera appelé à établir puis à organiser dans le sud de l'Oural un institut de rééducation neurologique pour les blessés de guerre. Dans cet asile à gueules cassées, il sera confronté à de nombreux troubles neuropsychologiques imputables à d'évidentes atteintes cérébrales. Naîtra alors chez lui une vision connexionniste du cerveau (de neurones ultraconnectés entre eux), qui diverge d'une approche plus locale des fonctions mentales (une région = une fonction). Selon lui, il n'y a pas un (ou des) centre(s) du langage dans le cerveau, mais bien une organisation en réseaux dans lesquels chaque station apporte une valeur ajoutée à l'ensemble. Vous vous souvenez de l'organisation de nos connaissances en « toile d'araignée » (chapitre 2) ? Luria a été précurseur de ce savoir.

Aujourd'hui, l'apport du grand homme à la neuropsychologie peut être mesuré par le fait que ses idées ont voyagé jusqu'au temps présent, puisque quarante à cinquante ans après ses travaux les plus marquants, nous continuons à enseigner dans les écoles de médecine et aux étudiants « au lit du malade » (l'expression désigne la pratique plutôt que la théorie) les signes neurologiques de troubles intellectuels identifiés. Ainsi, son idée sur l'organisation tripartite du cerveau reste encore globalement d'actualité. Un premier bloc, le système d'éveil, maintient une vigilance optimale grâce à laquelle le cortex détecte des signaux issus des milieux interne et externe et oriente l'attention sur eux. Un deuxième stocke les informations en provenance du monde extérieur. Le dernier programme et régule l'action. Des trois, lui seul s'incarne principalement dans le cortex préfrontal.

Nous y voilà : le cortex préfrontal ! Luria demandait aux patients atteints de lésions préfrontales d'effectuer la tâche suivante : « Quand je tape une fois, tapez deux fois ! » et inversement « Quand je tape deux fois, tapez une fois ! ». Qu'observait-il alors ? Les patients sont incapables d'inhiber la tendance naturelle à imiter le comportement de l'examinateur et se retrouvent à reproduire ses gestes. Le comportement volontaire ne s'exprime plus et il est remplacé par des actions asservies à celles du médecin. Luria venait de poser la première pierre à l'étude du cortex préfrontal : cette structure est essentielle dans nos actes intentionnels.

Ainsi, selon Luria, le cortex préfrontal nous permet de contrôler les comportements réflexes ou automatiques et d'en élaborer d'autres adaptés, reposant sur un choix conscient, délibéré [1]. Dans les décennies qui suivent les travaux de Luria, la filiation est évidente chez d'autres médecins, dont François Lhermitte (1921-1998) de l'école de la Salpêtrière. Le neurologue mit au jour les comportements d'adhérence à l'environnement chez les patients atteints de lésions préfrontales. Comme nous l'avons détaillé au chapitre 1, incapables de résister à la pression que l'examinateur exerce sur eux, ces individus ne peuvent s'empêcher de saisir la main qui s'avance ; ils imitent ses gestes, collectionnent les objets et les utilisent à sa demande.

Lhermitte apporta une preuve éclatante de cette annihilation de la volonté avec une bonne dose d'originalité et d'humour. Il invita chez lui un patient et, sans un mot, lui fit visiter son appartement comme s'il s'agissait d'un musée. Il le conduisit dans une chambre dans laquelle était préparée une seringue. Il montra celle-ci au patient, baissa son pantalon et présenta ses fesses à son visiteur. Le patient prit l'instrument et le piqua. L'expérience est immortalisée pour la « postérité » (si l'on peut dire) par une photo dans un article célèbre publié en 1986 dans *Annals of Neurology* (!). La perte d'autonomie de son cobaye peut être interprétée comme témoignant du rôle central joué par le cortex préfrontal pour faire émerger une action volontaire. Mais comment celle-ci est-elle « fabriquée » par le cortex préfrontal ?

Au feu !

Parallèlement à l'histoire médicale du cortex préfrontal fondée sur l'observation clinique, la recherche sur les comportements a éclos à la fin des années 1960 dans l'ambiance froide des laboratoires de neurobiologie des grandes universités anglo-saxonnes, avant de connaître ses « Trente glorieuses » jusqu'à la fin du siècle. Au fil des décennies, ce champ d'investigation s'élargira et deviendra ce que l'on nomme aujourd'hui les neurosciences cognitives. Avec comme hauts lieux les universités de Kyoto et de Tokyo, Oxford, la McGill University de Montréal, le M.I.T de Boston, l'université de Californie (UCLA) et Yale.

Des primates sont les cobayes de ces études pionnières (pauvres macaques rhésus !). À l'aide de méthodes invasives telles que l'implantation d'électrodes dans le cortex préfrontal, on explore l'activité électrique et chimique des neurones, pendant que le singe met supposément en jeu son cortex préfrontal dans des tâches de planification et de prise de décision. C'est une révolution mettant en relation les actions d'un individu avec une biologie plus fondamentale, à l'échelle microscopique, qui observe le déclenchement électrique de l'activité cellulaire, les concentrations de neurotransmetteurs comme la dopamine, ou l'expression à la surface de la cellule de divers récepteurs.

L'enregistrement des neurones lorsque le singe effectue une tâche cognitive est un travail méticuleux (de « geek » dirions-nous aujourd'hui), au cours duquel les chercheurs récoltent méthodiquement et à toute heure du jour ou de la nuit des enregistrements d'activités électriques de neurones dans un capharnaüm d'oscillateurs, d'amplificateurs soniques et d'ordinateurs. C'est une véritable ascèse, une activité solitaire avec pour seule compagnie le primate concentré sur sa tâche et l'obtention de son « M&M's » en guise d'ultime récompense, et où la peur de perdre ses données frise parfois l'obsession, comme en cette anecdote personnelle.

Dans les années 1990, quand je travaillais dans le laboratoire de neurobiologie de Patricia Goldman-Rakic à Yale, vivait dans mon immeuble Hiroshi, un psychiatre japonais comme moi en postdoctorat. On ne se voyait quasiment jamais, car il passait presque tout son temps, sans respect pour son rythme circadien, à enregistrer l'activité électrique des neurones préfrontaux de ses compagnons rhésus. Une nuit d'hiver, nous fûmes réveillés par le déclenchement de l'alarme incendie avec laquelle il ne fallait pas transiger. En quelques instants, passeports, cartes de crédit et vêtements chauds furent réunis et, ma famille, moi-même ainsi que tous les autres habitants, nous nous retrouvâmes hagards dans le hall de l'immeuble. C'est alors que je repérai Hiroshi. En me dirigeant vers lui, je notai qu'il était en tee-shirt et en sandales et qu'il n'avait aucun sac ou sacoche. « Hé, Hiroshi, tu as compris qu'on doit ficher le camp ? » Il me regarda en souriant, puis sortit glorieusement de la poche arrière de son jean non pas son passeport, mais… une disquette contenant toutes ses données !

Sage comme une image

Associer l'activité des neurones du cortex préfrontal à la réalisation d'un comportement complexe et des opérations cognitives sous-jacentes a totalement remodelé notre compréhension des bases cérébrales de l'action délibérée, comme nous le verrons au chapitre 7. Une seconde révolution a surgi à partir du milieu des années 1990 : la neuro-imagerie fonctionnelle. Jusqu'alors, l'étude chez l'Homme de la relation structure-fonction reposait uniquement sur la neuropsychologie. Chez un individu ou dans un groupe homogène de patients, on liait une anomalie du comportement à des lésions cérébrales, localisées par scanner cérébral ou par IRM (historiquement, l'imagerie par résonance magnétique a amélioré la résolution spatiale des images par rayons X), ou post-mortem par l'analyse anatomopathologique du cerveau après autopsie.

La neuro-imagerie fonctionnelle a offert un autre angle de vue : grâce à elle, on voit le cerveau en activité. On pénètre dans le crâne en temps réel, comme si on était doué de la super vision de Superman ! Il y a plusieurs moyens de mettre en œuvre cette approche. Par exemple, l'imagerie par résonance magnétique fonctionnelle (IRMf*) observe l'oxygénation du cerveau chez une personne saine (par IRM) en train de réaliser une action. En effet, dans une région donnée du cerveau, l'oxygène est d'autant plus consommé que cette zone est fortement stimulée.

Voici typiquement comment se déroule une expérience en IRMf. J'ai pris un cas concret ayant montré l'activation spécifique du cortex préfrontal*. Un volontaire – non claustrophobe – est introduit dans le tunnel d'une IRM. Il s'apprête à passer un moment à l'intérieur. Certes, l'endroit est plutôt sinistre mais, à la différence de l'IRM classique, le sujet bénéficie de distractions : un écran est placé devant lui sur lequel apparaîtront des instructions. Tout d'abord, celui-ci affiche une douzaine de carrés bleus sur fond noir. Six d'entre eux vont devenir rouges. Grâce à une manette, le participant doit cliquer sur ces derniers. L'exercice est ensuite réitéré avec un ordre différent d'apparition des carrés. Cette tâche active peu le cortex préfrontal. Elle met surtout en jeu des zones du cortex impliquées dans l'analyse des couleurs, de l'espace visuel, ainsi que les cortex prémoteur et moteur primaire – après tout, les yeux du participant suivent les carrés tandis que sa main actionne le joystick.

Lors d'une seconde phase, le cœur de l'exercice, les carrés redeviennent bleus après avoir été rouges. La tâche consiste alors à reproduire de mémoire la séquence des carrés devenus rouges. Cette fois, outre les régions précédentes, la tâche active le cortex préfrontal ! Tout étant égal par ailleurs entre les deux tâches (les informations visuelles et la réponse motrice), sauf la mémorisation transitoire de la séquence, par soustraction des images, il est facile de faire émerger la zone où est stockée transitoirement la séquence jusqu'au moment de la réponse : notre « mémoire de travail ». Nous y reviendrons dans un chapitre dédié, car c'est un ensemble fondamental d'opérations mentales qui nous émancipent de l'automatisme « *Je perçois – j'agis* ».

L'IRMf facilite énormément la détection des modifications du fonctionnement cérébral, qui témoignent de l'implication de zones du cerveau dans certaines opérations mentales. Autre avantage, elle « démocratise » la recherche. En effet, avec cette technique, plus besoin d'équipement complexe, d'animalerie, ni même d'être chercheur professionnel pour explorer le cerveau. N'importe quel centre médical doté d'une IRM peut se lancer. D'où l'explosion, depuis le début des années 2000, des études en neuro-imagerie fonctionnelle sur le cortex préfrontal et sur toutes les autres régions cérébrales.

Giga réseau

Quelle a été la conclusion de la neuro-imagerie fonctionnelle ? Les progrès actuels mettent en lumière l'idée que chaque région impliquée dans une tâche s'insère dans un ou plusieurs ensembles anatomiques et fonctionnels organisés en réseaux. Ainsi, l'approche actuelle de la relation « structure (la matière cérébrale) – fonction (un comportement ou un processus cognitif) » se concentre-t-elle sur la connectivité plutôt que sur l'isolement d'une région, fût-elle essentielle. Les zones du cortex sont vues comme des nœuds apportant chacun une valeur ajoutée à des réseaux associés à une fonction : le réseau du langage, le réseau de « saillance* » qui permet d'extraire l'information pertinente pour agir, le réseau « par défaut », qui s'active lorsque nos pensées sont en « roue libre », etc.

L'ère actuelle est donc à la connectivité. Sa méthode dominante reste l'IRM, mais avec de nouvelles techniques. Certaines de ces techniques montrent *in vivo* les connexions physiques entre les différentes zones du cerveau – c'est l'IRM de diffusion. D'autres, la façon dont les régions au sein d'un réseau interagissent les unes avec les autres – c'est la connectivité fonctionnelle –, qui se mesure statistiquement par la force des liaisons entre différentes zones dans une situation comportementale ou une tâche cognitive.

Si, grâce aux techniques modernes d'imagerie, on est capable de visualiser des régions ou des réseaux du cerveau impliqués dans une fonction mentale, en revanche, la façon dont l'information circule en temps réel n'est pas bien capturée. En d'autres termes, la résolution spatiale est bonne, mais la résolution temporelle est mauvaise. Pour « flasher » la danse des ondes cérébrales qui s'activent lorsque notre cerveau pense, il faut recourir à l'électroencéphalographie à haute résolution, qui utilise un casque composé d'un ensemble de capteurs électriques. Combiner ces techniques (et d'autres encore) affine notre regard sur notre univers mental, dans le sens le plus littéral. Et livre des réponses à une fascinante question : où siège le chef d'orchestre de nos pensées ?

5

ORCHESTRER LA PENSÉE

Où l'on apprend qu'être inerte ou agité est presque la même chose

Février 1972, Berlin. « *Sol-Sol-Sol-Mi bémol...* ». Pause. « *Fa-Fa-Fa-Ré...* ». L'orchestre vient d'entamer l'une des introductions les plus célèbres de la musique classique, celle de la Cinquième symphonie de Beethoven (l'*Allegro con brio*). Trois notes brèves suivies d'une longue, deux fois. Clarinettes, violons, altos, violoncelles et contrebasses déclament ensemble ce motif, puis le thème se propage comme une rumeur, joué successivement par les deuxièmes violons, les altos et enfin les premiers violons. L'interprétation d'Herbert von Karajan insuffle du lyrisme à ce maelström musical. Mais pourquoi la Cinquième de Beethoven dans un ouvrage sur les pouvoirs du cerveau ? Un illustre chef d'orchestre conduisant une assemblée de musiciens, interprétant ensemble une œuvre à l'harmonie subtile : à mes yeux, il n'y a pas de meilleure analogie pour traduire la virtuosité dont témoigne notre cortex préfrontal afin d'organiser nos pensées.

Dans un orchestre, les musiciens ne sont pas autorisés à jouer en même temps. Certains sont en mouvement, d'autres attendent leur moment. Chacun a reçu une consigne précise, qui sera mise en action selon la volonté du chef. Le cortex préfrontal joue le même rôle de superviseur vis-à-vis des « instrumentistes de la pensée ». Il s'agit de différents schémas d'action pré-implémentés, qui seront mis en valeur ou au contraire en sourdine selon les besoins. Imaginons qu'une envie pressante me réveille au milieu de la nuit (la prostate, c'est moins prestigieux que Beethoven) : je me dirige vers les toilettes (le cerveau active le plan moteur) tout en me retenant (il bloque l'action inappropriée) ; arrivé au but, je cesse de marcher et libère ma vessie. Cette mini-symphonie de nos pensées se joue à longueur de journée. Vive Karajan… pardon, le cortex préfrontal ! À chaque instant, celui-ci active tel schéma d'action et inhibe tel autre.

Écouter ses musiciens

L'idée que le cortex préfrontal agisse comme un chef d'orchestre est exprimée dans les termes plus neuroscientifiques de « contrôle cognitif », dans un article de référence rédigé par Earl K. Miller (M.I.T.) et Jonathan D. Cohen (Princeton) et publié en 2001 [1]. Pour décider quelles actions volontaires sont pertinentes, il fonctionne d'abord en mode ascendant, en accueillant une remontée d'informations de sources diverses. Diverses régions du cortex le renseignent sur nos perceptions visuelles, auditives, tactiles, gustatives et olfactives. Il est aussi conscient de notre équilibre interne reflété par la soif, la faim, l'accélération de notre rythme cardiaque ou de notre souffle, ainsi que nos émotions, nos désirs et nos pulsions. Ces données lui sont transmises par les systèmes végétatif* et limbique*.

Le système végétatif ? C'est le système nerveux de contrôle de nos viscères et des mécanismes fondamentaux de notre survie. Il intervient dans le rythme cardiaque, la fréquence respiratoire, la motilité (l'aptitude au mouvement) du système digestif, le fonctionnement de notre vessie, le larmoiement et la sudation notamment. Il indique à notre cerveau l'état de fonctionnement des organes profonds et envoie des signaux d'alerte (par exemple, le stress qui nous « tord les boyaux »). L'aller-retour entre la périphérie et le cerveau s'effectue par des voies nerveuses ayant des relais dans la moelle épinière, puis dans des régions basses ou profondes du cerveau comme le tronc cérébral ou l'hypothalamus.

Le réseau limbique, quant à lui, est composé des zones du cerveau qui interviennent (entre autres) dans la perception, la construction et la régulation des états affectifs comme les émotions primaires (la peur, la joie, la colère, la tristesse, le dégoût), mais aussi nos sentiments, nos passions, nos humeurs ou des sensations comme le plaisir ou le bonheur. Dans le cerveau, certaines régions portant des noms barbares (comme les noyaux amygdaliens, le *nucleus accumbens* ou l'aire tegmento-ventrale) appartiennent à ce système. Le système limbique est aussi celui qui génère la valeur que l'on attribue aux choses.

Du lièvre de mer à Victor Hugo

Mais ce n'est pas tout. Pour orchestrer nos pensées, le cortex préfrontal puise aussi dans nos expériences passées, grâce à la réactivation de nos souvenirs ou en allant piocher dans nos connaissances didactiques. Nos réminiscences proviennent du système de la mémoire épisodique*, celle qui bâtit nos souvenirs personnels et permet de se les remémorer avec tendresse des décennies plus tard. Cette fonction, qui repose sur un vaste réseau cérébral dont « le cœur battant » se nomme les hippocampes*, se décompose en trois étapes : l'encodage, le stockage et le rappel.

L'encodage est l'étape de traduction des événements vécus en signaux biologiques aptes à être enregistrés. Un baiser échangé lors d'un premier rendez-vous amoureux a activé nos sens, il avait pour cadre un lieu précis, a suscité une forte émotion… Ce contexte a été organisé et étiqueté par notre cerveau pour en faire un événement singulier mémorisable. Cette phase fait intervenir de nombreuses régions, y compris le cortex préfrontal qui nous sert en particulier à focaliser notre attention sur ce moment si précieux.

Vient ensuite le stockage, c'est-à-dire la phase de mémorisation à proprement parler. C'est alors qu'interviennent les hippocampes, ces petites zones du cerveau nichées dans les profondeurs de nos lobes temporaux et dont le nom provient de leur forme pouvant évoquer celle d'un cheval. Les hippocampes, c'est le bouton rouge « enregistrer » de l'appareil photo de votre téléphone mobile. Ils permettent en effet de consigner l'événement vécu pour l'inscrire durablement dans votre mémoire. Comment procèdent-ils ? À la différence de votre appareil photo numérique qui enregistre complètement et immédiatement les images frappant son capteur, les hippocampes opèrent progressivement : ils consolident le souvenir.

Le mécanisme biologique par lequel cette consolidation se forme a été étudié notamment chez le lièvre de mer (ou aplysie), un mollusque au système nerveux très primitif composé d'environ 20 000 neurones, ce qui en a fait un modèle simplifié d'étude de la plasticité cérébrale. Les travaux expérimentaux sur l'aplysie, par exemple ceux du neurobiologiste américain Eric Kandel, Prix Nobel de médecine en 2000, montrent que le processus de consolidation correspond à la traduction de signaux électriques en signaux chimiques qui bâtiront et renforceront progressivement de nouvelles routes (des connexions) au sein du cerveau. Les embranchements inédits créés dans la toile d'araignée de nos souvenirs incarneront cette réminiscence particulière.

Comment cette mécanique se met-elle en place quand nous apprenons un texte par cœur ? Lorsque nous le récitons une première fois, il passe à la moulinette du réseau cérébral de « l'encodage », c'est-à-dire qu'il est transformé en signaux électriques circulant dans ce système, puis le texte cheminera vers les hippocampes qui vont tenter de le stocker dans notre toile d'araignée des souvenirs. Toutefois, peu de personnes réussissent à absorber des lignes à la première lecture. La répétition est la clé de la mémorisation. Progressivement, les trains successifs de décharges électriques modifient physiquement le réseau cérébral et consolident ce souvenir en construction, transformant ce qui était un sentier champêtre lors de la découverte des mots en une autoroute de l'information.

« *Demain, dès l'aube, à l'heure où blanchit la campagne, Je partirai…* ». Voilà comment ces célèbres vers de Victor Hugo se sont peut-être gravés dans votre mémoire durant votre jeunesse. Mais les années ont passé et voilà que pour briller en société, vous voulez réciter le premier quatrain. C'est là qu'intervient votre cortex préfrontal : il cherchera le poème dans les méandres de votre toile d'araignée et le réactivera. Il interviendra dans le rappel en trouvant la bonne route et en ramenant à la surface de notre conscience ce lointain souvenir de votre adolescence.

Quant à nos connaissances didactiques, nous les avons déjà évoquées à travers l'exemple de l'éléphant. Au passage, notre éléphant est susceptible d'appartenir aussi bien à la mémoire épisodique qu'à la mémoire sémantique. Quand vous reconnaissez son barrissement, ce sont vos connaissances sémantiques qui s'activent. Quand vous vous rappelez avec quelques réminiscences anxieuses de la charge de ce grand pachyderme contre votre véhicule de brousse dans le parc du Serengeti, c'est la mémoire épisodique qui opère. Ainsi, un même objet peut faire se croiser des réseaux cérébraux impliqués dans des tâches différentes.

Muni de ces précieux renseignements récoltés de si diverses façons, notre cortex préfrontal s'attachera, à la manière d'un chef d'orchestre, à donner ses consignes aux instrumentistes de l'action. C'est maintenant un système descendant qui se met en marche. Telle action est activée et telle autre est inhibée. Mais attention, il faut que le contexte analysé par notre cerveau déclenche une action qui nécessite un contrôle volontaire. Un exemple : « Je suis en train d'écrire ces lignes. Je suis concentré. Le téléphone sonne. Je ne veux pas perdre le fil de ma pensée. Je ne tiens pas compte de la sonnerie : je continue. » Dans cette séquence, j'ai activé volontairement un programme, celui d'écrire, et ai tout aussi intentionnellement bloqué – inhibé – celui de répondre au téléphone.

Le chef d'orchestre de notre pensée intervient donc dans une circonstance précise, quand les musiciens ne peuvent indépendamment prendre l'initiative, c'est-à-dire qu'alors que nous rencontrons un problème qui sort du contexte habituel, il empêche le pilotage automatique (le mode « *Je perçois – j'agis* ») d'intervenir de façon inappropriée. Ou bien, lorsque la prise de décision est complexe et justifie de peser « le pour et le contre ». Ces cas de figure surviennent plusieurs fois par jour. Qu'arrive-t-il lorsque le cortex préfrontal d'un individu est en panne, quand son chef d'orchestre de la pensée répond aux abonnés absents ? Au chapitre 1, nous avons commencé à entrevoir les conséquences fâcheuses qui se produisent alors : le cerveau n'active plus les bons programmes et n'inhibe plus les mauvais !

Le cortex « garde-chiourme »

Vu de l'extérieur, un patient « préfrontal » (avec une lésion dans cette région) navigue entre la désinhibition et l'apathie*. Il ne réagit plus avec le comportement adapté aux situations. Voici quelques exemples variés de cas de désinhibition qui m'ont été racontés par les familles ou que j'ai moi-même constatés dans mon activité hospitalière, et qui pourraient prêter à sourire s'ils n'étaient pas vrais.

Mme A…, femme pudique, se promène à présent nue chez elle et n'hésite pas à se présenter dans la tenue d'Ève lorsqu'on sonne à sa porte.

Alors que M. C… traîne à la maison, il ouvre un tiroir dans la cuisine et voit un couteau. Il le prend, sort de chez lui et crève les pneus de toutes les voitures garées dans la rue.

Mme D… est hospitalisée. Il est 12 h 30. Elle engloutit son déjeuner en un temps record puis déambule dans le couloir. Passant devant la salle de repos du personnel, elle repère sur un bureau les plateaux-repas destinés à l'équipe de soin. Elle entre et avale trois repas sans aucune gêne.

Enfin, dans un registre plus grave :

M. B… regarde de la pornographie sur son ordinateur en présence de ses petits-enfants.

La désinhibition du comportement est un trouble complexe, car elle fait intervenir plusieurs niveaux de dysfonctionnement mental : il y a tout d'abord une libération, une perte d'un mécanisme très simple de « *go/no-go* ». En voici l'illustration : « Si je tape une fois sur la table, tapez une fois à votre tour (c'est le « *go* »). Maintenant, si je tape deux fois, ne tapez pas (c'est le « *no-go* ») ». Cette tâche, pourtant simple, se révèle souvent impossible à exécuter par des patients au cortex préfrontal malade : ils ne peuvent pas s'empêcher de taper sur la table. Ensuite, les lésions préfrontales nous montrent que nous avons un registre commun, universel, de comportements pulsionnels organisés autour des mécanismes de survie, d'assouvissement des plaisirs physiques ou matériels et de domination. Ces comportements ne demandent qu'à jaillir. Le cortex préfrontal est notre « garde-chiourme ».

Enfin, les exemples pathologiques cités plus haut révèlent que nous avons mis en place un système de confinement des pulsions inavouées sous la forme de normes sociales, qui sont celles de notre temps et de notre culture. En d'autres termes, chaque humain possède une couche civilisationnelle construite par un autre processus complexe que l'on nomme l'empathie (qui fera l'objet d'un chapitre particulier). Ainsi, la désinhibition met à jour l'ampleur des niveaux de contrôle qu'exerce le cortex préfrontal, des processus inhibiteurs les plus basiques jusqu'à la construction de nos sociétés !

Dans la vie quotidienne, le « contrôle cognitif », quand il n'est plus opérant, renseigne sur la véritable personnalité des individus. Imaginez que votre tour de contrôle cérébrale n'inhibe plus certaines paroles, certaines réflexions que vous auriez préféré garder au fond de vous. N'avez-vous jamais craint que l'on découvre vos pensées les plus intimes, vos fantasmes les plus secrets ? Il est des situations extrêmes, à la faveur d'une émotion forte ou sous l'effet de l'alcool, durant lesquelles les vannes s'ouvrent et ce qui devrait être camouflé dans les tréfonds de notre âme remonte à la surface. En médecine, la confusion mentale*, qui entraîne une perte temporaire du contrôle, démasque qui nous sommes réellement, contre notre volonté temporairement annihilée.

L'un des plus fantastiques conteurs, Isaac Bashevis Singer (1904-1991, Prix Nobel de littérature en 1978), a écrit une nouvelle, *l'Esclave*, qui sonne comme une parabole de ce mécanisme. La terrible histoire de Jacob et Wanda se déroule au XVIIe siècle dans l'univers du *Shtetl*, les communautés villageoises juives d'Europe centrale. Rescapé d'un pogrom, Jacob est esclave depuis quatre ans chez un paysan catholique. Tous les soirs, Wanda, la fille de la maison, lui apporte son repas. De cette routine naît un amour réciproque mais caché, en partie à cause du fossé religieux qui sépare les deux amants : dans la Pologne de l'époque, la loi juive interdit la conversion des Gentils et inversement, toute conversion au judaïsme conduit l'apostat à une sentence de mort.

Mais peu après, Jacob est racheté par les siens et Wanda tombe enceinte. Alors pour vivre leur amour au regard de tous, ils imaginent un stratagème : ne maîtrisant pas le yiddish, Wanda se fera passer pour une sourde et muette et sera secrètement initiée aux lois juives. Tout va pour le mieux jusqu'au moment de l'accouchement, particulièrement difficile. Devant toutes les matrones devenues sages-femmes, ne pouvant retenir sa souffrance physique, dans un cri du cœur elle implore Jésus-Christ ! À ce moment précis, son « surmoi » (le système de contrôle des pulsions, selon Freud) a été vaincu par le « ça » (le refoulé). Son contrôle cognitif inhibiteur a atteint ses limites.

Madame, vous broyez du noir ? Non, du vide !

Nous avons abordé les troubles frappant les capacités d'inhibition, mais que se passe-t-il lorsque l'activation de comportements est affectée ? Mme E… est une grande fumeuse. Machinalement, elle allume cigarette sur cigarette. Elle est immobile devant moi, assise dans un fauteuil, les yeux égarés au loin. Sa cigarette coincée entre l'index et le majeur se consume lentement sans qu'elle n'ait encore tiré la moindre bouffée. Quand la cendre incandescente atteint les doigts, un rictus douloureux anime son visage et elle en lâche le mégot. Mme E… est grandement apathique. Elle n'initie aucun geste spontanément, sauf ceux répondant à ses besoins immédiats. Est-elle mélancolique ? Pas le moins du monde. À quoi pense-t-elle ? À rien !

L'un de mes maîtres, Dominique Laplane, disait de ces patients, atteints d'une « perte d'auto-activation psychique* » selon ses termes, qu'ils « ne broient pas du noir mais du vide ». Agir, c'est d'abord penser. Aucune action volontaire ne peut être envisagée sans une conception mentale préalable. Ainsi, ne pas penser, c'est ne pas agir. Comment est-il possible de ne penser « à rien » ? Intuitivement, nous qui pensons en permanence appréhendons difficilement une telle vacuité.

Dans le cas de Mme E…, l'activité du cortex préfrontal mesurée par un PET-scanner* (la tomographie par émission de positrons permet de déterminer si une zone du cerveau est normalement active, hyperactive ou hypoactive) montrait une baisse majeure du métabolisme dans l'ensemble du cortex préfrontal. Pourtant, l'IRM cérébrale ne témoignait d'aucune lésion de cette région. Les lésions de taille minuscule étaient logées dans les ganglions de la base*, dans la profondeur des hémisphères cérébraux. De si petits trous produisaient un effet catastrophique sur Mme E… et entraînaient à distance l'extinction de son cortex préfrontal.

Une vision plus juste de ce cas clinique m'oblige à vous raconter l'histoire de cette femme depuis le début. Le matin où sa vie a basculé, alors âgée de 47 ans, elle effectuait son jogging matinal lorsqu'elle a soudain ressenti une douleur dans la poitrine. Massive, insupportable, comme un étau puissant broyant son thorax. Bientôt, c'est l'effondrement, la syncope. Deux minutes se passent alors avant qu'un joggeur ne la découvre. Elle ne respire plus, n'a pas de pouls : arrêt cardiocirculatoire. Heureusement, l'homme connaît les gestes d'urgence. Il entreprend un massage cardiaque et finit par percevoir une faible pulsation. Le pouls est filant, quelquefois perçu, quelquefois non. Le Samu, appelé par un autre coureur, arrive enfin et stabilise l'état de Mme E… Elle est sauvée !

Après plusieurs jours en réanimation pendant lesquels la famille observe quotidiennement des progrès considérables, la voici dans un service de médecine puis de réadaptation dans lequel elle restera plusieurs semaines. L'amélioration est là, c'est certain, puisqu'elle peut marcher, manger normalement ou répondre à quelques questions (certes de façon adaptée, mais toujours lapidaire). De retour à son domicile, le choc est toutefois majeur : elle ne fait rien, n'éprouve aucun désir, ni peine ni joie. Le bilan radiologique, normal durant l'hospitalisation, met en évidence à présent ces deux cavités dans les ganglions de la base.

Ces petites zones du cerveau sont parmi les premières à souffrir du manque d'oxygénation du cerveau (l'anoxie cérébrale*). En effet, si la pompe cardiaque s'arrête, l'oxygène, qui voyage dans les globules rouges du sang artériel, n'est plus transmis aux organes qui en ont besoin, dont le cerveau. Sans oxygène, pas de vie : les neurones souffriront puis certains disparaîtront, par nécrose du tissu cérébral. Or, les ganglions de la base sont l'un des principaux relais du cortex préfrontal, avec lequel ils établissent des connexions privilégiées sous la forme de « boucles » ou de circuits relativement fermés, comme une chaîne de vélo dans laquelle chaque maillon contribue au fonctionnement de l'ensemble. Le cortex préfrontal, ce chef d'orchestre, leur ordonne de jouer, et en retour, telle une caisse d'amplification, les ganglions de la base renvoient vers lui un signal fort validant ses choix. Ce système réverbérant, en boucle, permet de mettre en route la pensée consciente et l'action qui en découle.

Représentez-vous les milliards de neurones du cortex préfrontal comme des électeurs. Chaque électeur est bombardé d'informations le renseignant sur le monde extérieur et le milieu interne et chacun de ces « votants » se fait son idée sur l'action judicieuse à engager. Mais quel schéma d'action doit être lancé ? Les ganglions de la base sont de « grands électeurs » qui aideront le cortex préfrontal à choisir la bonne option. En réalité, ce vote se déroule en deux temps, car les ganglions sont composés de deux sous-structures. Le striatum, situé à proximité anatomique du cortex préfrontal, dont chaque neurone reçoit ses connexions de plusieurs dizaines de milliers de neurones préfrontaux ; chacun de ses neurones est un grand électeur qui lui-même connectera des neurones super-grands électeurs situés dans le maillon suivant de la chaîne, le pallidum. Ainsi émergera progressivement du « bruit de fond » un signal « plus pur », qui sera renvoyé vers le cortex préfrontal. Le signal électrique est la pensée qui chemine. Le vote final émerge par le biais de ce système d'amplification.

Si la lésion touche la caisse de résonance que sont les ganglions de la base, aucun signal clair n'est audible par le cortex préfrontal. Une pensée non amplifiée n'est pas durable et ne saurait se tenir clairement à l'interface entre « *Je perçois* » et « *J'agis* », c'est-à-dire dans l'espace mental de représentation interne des pensées, le « *Je délibère* » du trio « *Je perçois, je délibère et j'agis* ». Le signal représentant la pensée du « *Je délibère* » n'atteint pas le seuil suffisant pour qu'elle soit clairement représentée. L'espace mental de représentation est vide ou empli de pensées trop fugaces pour déclencher le comportement volontaire. L'individu est apathique. Le même résultat est produit par des lésions directes du cortex préfrontal. Toutefois, pour aboutir à une apathie si visible, il faut que la destruction du cortex préfrontal soit massive. C'est le cas dans la dégénérescence frontale, cette maladie neurodégénérative que j'ai déjà évoquée.

Week-end à Rome

Pour étudier scientifiquement l'apathie qui survient plutôt dans un cadre quotidien, nous avons monté une expérience à l'Institut du cerveau (ICM). Nous avons reproduit une pièce de vie, ou plus précisément, nous avons « fabriqué » une salle de détente avec un sofa sur lequel s'allonger. Cette salle est approvisionnée de façon à procurer le confort maximum (boissons, gâteaux, confiseries, cafetière, théière, jeux, livres, journaux, enceintes musicales, etc.), chaque gourmandise, livre, extrait musical ayant été choisi spécifiquement pour le participant en fonction de ses goûts, qu'il nous a transmis préalablement grâce à un questionnaire (sans savoir que ces renseignements seraient utilisés).

Nous faisons entrer la personne dans la pièce, en lui demandant de patienter jusqu'à ce qu'on vienne la chercher pour le test qu'elle pense passer (une soi-disant tâche comportementale active). Son accueil est assorti de cet encouragement : « Il se peut que l'attente soit longue, mettez-vous à l'aise, restaurez-vous, ouvrez un magazine, faites comme chez vous. » En réalité, le test ne viendra jamais. La vraie expérience se déroule dans cette salle d'attente. Comment le participant s'accommodera-t-il de ce temps mort ? Ce qui nous intéresse, c'est la prise d'initiative et en particulier les capacités à explorer un espace nouveau.

Cette étude est comparable à une situation de la vie réelle telle qu'un voyage romantique, disons à… Rome. Vous n'y avez jamais mis les pieds. Vous avez réservé une chambre dans un bel hôtel proche du Colisée. Le matin, frais et dispos, vous prenez l'avion, puis le taxi qui vous dépose au pied de votre hôtel. Vous êtes maintenant en possession de la clé magnétique et allez découvrir votre chambre. Que faites-vous en premier ? Vous ouvrez la fenêtre en espérant apercevoir le Colisée ? Votre premier regard est-il pour la salle de bains au sol en marbre de Carrare ? Si vous optez, consciemment ou non, pour l'une ou l'autre de ces options, vous ne souffrez pas de dégénérescence frontotemporale. Au lieu d'explorer sa chambre d'hôtel, un malade souffrant de cette pathologie ira directement s'allonger sur le lit et y restera tant qu'on ne l'appelle pas.

Lors de l'expérience à l'ICM, les volontaires indemnes de maladie du cortex préfrontal explorent la pseudo-salle de détente, comme ils sont encouragés à le faire. Ils se font un café, montent le son de l'enceinte jouant leur titre préféré ou feuillettent le dernier numéro de *La Vie du rail* (ils n'ont pas vingt ans…). Au contraire, nos patients préfrontaux se dirigent directement vers le sofa, sans exception, s'y allongent et y demeurent longtemps. Cette apathie massive témoigne de l'idée que le cortex préfrontal est l'initiateur de nos actions volontaires. En son absence, notre cerveau est vide de pensées volontaires. Sans celles-ci, point d'actions délibérées.

Il est tout à fait possible d'être dépourvu de cortex préfrontal et d'être doué d'action. Dans le monde animal, quantité d'espèces relèvent de ce cas. Par exemple, avec leur cerveau primitif, les fourmis sont dénuées de cortex préfrontal et pourtant s'agitent. Si l'on suivait la logique du paragraphe précédent, elles devraient rester inertes ! En fait, chez l'Homme, l'apathie ne signifie pas être privé d'actions, mais d'actions *volontaires*. Si certains patients restent inertes, d'autres sont pris d'une frénésie d'activités automatiques, irréfléchies, stéréotypées. Bref, sans but. On peut se mouvoir et dans le même temps baigner dans l'apathie !

Le plus grand hub du monde

Bien qu'il représente un bon tiers de la masse cérébrale, le cortex préfrontal ne contient que 8 % de nos neurones. S'il est sous-doté en neurones, ceux-ci sont particulièrement bien connectés. En effet, le reste de la masse préfrontale est composé de fibres et de connexions. Le secret du fonctionnement du cortex préfrontal est sa connectivité. Chaque neurone préfrontal reçoit l'influx d'une multitude d'autres situés dans l'ensemble du cerveau, de neurones localisés dans le cortex préfrontal de l'autre hémisphère cérébral et d'un réseau interne au sein même du cortex préfrontal. Toutes ces connexions aboutissent sur le corps du neurone ou sur ses prolongements par des contacts appelés synapses*. La transmission synaptique est un contact physique qui permet de transmettre l'influx électrique et des molécules du neurone « A » au neurone « B » par le biais de récepteurs à la surface du neurone contacté. Cette transmission moléculaire modifiera l'activité électrique du neurone « B » : elle l'activera (le dépolarisera), l'inhibera ou le modulera.

En bref, l'efficacité du cortex préfrontal ne réside pas tant dans la quantité de neurones auxquels il est connecté que dans sa position stratégique, intermédiaire. Notre chef d'orchestre préfrontal est une interface entre « *Je perçois* » et « *J'agis* ». Le flux d'information qui lui est transmis jaillit de toutes parts : des cortex postérieurs, qui transmettent des données de l'environnement immédiat ou des connaissances du monde extérieur ; des centres nerveux végétatifs, qui lui indiquent l'état du milieu interne ; du système limbique, qui l'informe sur notre état affectif et de notre réseau de mémoire épisodique, qui amène à la surface nos souvenirs.

Sans compter que chaque neurone reçoit aussi des informations des systèmes modulateurs contenant des neurotransmetteurs comme la noradrénaline, la sérotonine*, la dopamine ou l'acétylcholine. Ceux-ci jouent un rôle important dans l'éveil, l'attention, la motivation ou l'humeur. Le cortex préfrontal mêle toutes ces influences pour décoder le contexte, le relier à nos objectifs, nos valeurs ou nos croyances, amener à une délibération consciente puis à une prise de décision ; il envisage un plan d'action et ses conséquences, avant de se connecter au système moteur, activant les programmes pertinents d'actions et inhibant ceux qui apparaissent inappropriés. Il se la joue façon Karajan.

Finalement, le cortex préfrontal est un relais critique entre la perception et l'action, un nœud central de plus d'un milliard et demi de neurones recevant les renseignements de ses nombreux informateurs avant de mettre en musique l'ensemble des zones participant au mouvement, que celui-ci soit un claquement de doigts, de langue ou de claquettes. Il faut donc imaginer cette structure comme un aéroport recevant des passagers en provenance du monde entier, et les aiguillant vers tous les points du globe. N'aurait-il pas fallu intituler ce chapitre « *Quel est le plus grand hub du monde ? L'aéroport d'Atlanta ou le cortex préfrontal ?* » ? Et la réponse est…

6

PESER L'ÂME ET LA RAISON

Où l'on apprend comment le cortex préfrontal souffle le chaud et le froid

Vous voici confronté à un dilemme cornélien, sans issue évidente. Comment votre cerveau se sort-il de cette épineuse situation ? Comment pèse-t-il le pour et le contre de chaque scénario possible pour prendre *in fine* une décision ? Récemment, une amie qui travaille pour une entreprise possédant des plateformes offshore m'a relaté un événement à l'origine d'un choix difficile. Un soir, à 23 heures et huit minutes, son téléphone sonna et, au bout de la ligne, le capitaine d'un des navires de sa compagnie annonça que son bâtiment s'était abîmé en mer du Nord, à vingt kilomètres des côtes. Certes, le bateau était immobilisé sans danger immédiat, mais à son bord, cinquante hommes attendaient d'être transférés sur une plateforme pour y effectuer des réparations urgentes.

Chaque minute perdue engloutissait des sommes folles à cause des dégâts. Mon amie se devait d'agir vite. En prime, par un mauvais concours de circonstances, deux minutes avant l'appel, elle avait reçu une notification venant de sa mère qui, depuis une chute sévère, était équipée d'un bracelet d'alarme. Elle se retrouvait donc à devoir livrer deux combats en même temps. Lequel devait-elle prioriser ? Elle envoya un hélicoptère récupérer les ouvriers afin de démarrer les réparations et ensuite s'assura que sa mère se portait bien, et tout cela en un temps record. Ouf !

Comment a-t-elle su gérer cette situation de crise et *in fine* lancé les actions cohérentes qui l'ont résolue ? Glissons-nous dans sa peau. Tout d'abord, elle a dû décoder les deux contextes (un bateau est bloqué en mer, une téléalarme s'est déclenchée dans Paris), des éléments factuels et objectifs, mais qui, dans son cerveau, se sont traduits par une avalanche cérébrale. D'abord une pensée incontrôlée du type « Sauve-qui-peut ! », puis des pensées associées à de fortes émotions (« Que va-t-il arriver à ma mère ? » « Et si j'échoue ? ») et qui sont évaluées par son système de valeur et de croyances (« Les enfants soutiennent les parents », « Je dois être à la hauteur de la responsabilité que l'on m'a confiée »). Ont aussi surgi des questionnements opérationnels, « exécutifs » (« Vaut-il mieux envoyer un bateau ou un hélicoptère ? », « Combien coûte le transfert des ouvriers par rapport au coût du temps perdu à ne pas réparer la plateforme ? », « Dois-je me déplacer au domicile de ma mère ou appeler mon frère, le téléopérateur ou le Samu ? »).

Ainsi ont été soupesées pêle-mêle de nombreuses informations hétérogènes. Certaines décrivent des états affectifs et des émotions, des valeurs et des croyances donc, bref ce que l'on peut appeler les « états d'âme ». D'autres réflexions sont « plus froides » et représentent la construction, la planification et l'organisation d'actions à venir, la gestion parallèle et dans une pleine conscience de l'espace-temps durant lequel cela doit être traité, l'évaluation anticipée des conséquences des actions à venir, ce que l'on peut nommer « la raison ». Toutes ces dimensions ont été « moulinées » dans l'espace de représentation mentale qu'est le cortex préfrontal. Cela fait beaucoup à penser ! Pour s'en sortir, le cortex fait appel à deux sous-unités de calcul. Comme le long d'une chaîne de production dans une usine, il existe en effet une division du travail.

Deux en un

Même une petite structure dans les tréfonds du cerveau, comme le noyau subthalamique, composé d'« à peine » 500 000 neurones chez l'Homme, soit trois mille fois moins que le cortex préfrontal, est déjà à elle seule une usine miniature dans laquelle chaque département (chaque petit territoire) assure une fonction distincte. Ainsi ce minuscule noyau comporte des zones motrices, elles-mêmes subdivisées en régions de la main, du pied, du visage, etc., mais aussi d'autres impliquées dans les émotions voire dans nos capacités intellectuelles. En somme, il s'agit d'un objet complexe aux fonctions multiples. S'il renferme tant de subdivisions territoriales aux rôles si distincts, comment imaginer que le cortex préfrontal, qui représente un tiers de la masse du cerveau, soit anatomiquement et fonctionnellement une seule et même entité ? Il est temps de faire mon *mea culpa* : jusqu'à présent dans cet ouvrage, j'ai décrit le cortex préfrontal comme un tout homogène voué à une seule fonction. Or j'ai menti.

Le cortex préfrontal est un et une multitude. Par souci pédagogique, afin de décrire la vocation générale du cortex préfrontal, je l'ai considéré jusqu'ici comme unique. Il est une multitude, car l'action volontaire naît de la synergie de ses différentes parties, chacune exerçant sa part. Plus les chercheurs révèlent l'intimité de ses arcanes, plus ils le parcellisent. Une étude menée dans notre équipe et publiée en 2016 dénombrait quinze sous-régions, qui chacune concourent aux grands principes généraux de son fonctionnement [1]. Pour éviter un fastidieux inventaire à la Prévert, nous allons considérer une simple division du cortex préfrontal en deux grandes régions. L'une est essentielle pour planifier ou raisonner. La seconde est déterminante pour contrôler nos émotions, nos états affectifs, évaluer les conséquences de nos actions, nous rendre empathique et nous conférer la motivation d'agir.

Dit différemment, il existe un cortex préfrontal « froid* », nous permettant d'élaborer des plans d'action, et un « chaud* » conférant à ces plans le contexte et la motivation pour les mener à bien. Ces deux entités, localisées respectivement dans les régions haute* et basse*, se complètent parfaitement et interagissent. Le cortex préfrontal est dual. Il est à la fois la raison et l'âme. Oui, d'une certaine façon, la raison et l'âme sont incarnées dans le cerveau. Qu'entends-je par là ? La raison, c'est le cerveau « froid » raisonneur, planificateur et créatif – l'intellectuel en quelque sorte. L'âme, c'est le cerveau « chaud », celui qui nous motive, nous fait vivre nos émotions et nous fait ressentir nos états internes, telles la faim et la soif – l'affectif en quelque sorte. Sans le premier, aucune de nos velléités d'agir n'aboutirait à un comportement efficace et, inversement, sans le second, nos comportements seraient dégagés de tout affect et feraient de nous de parfaits « sociopathes ».

Motivation n'est pas raison

Illustrons ces cas de figure de quelques exemples. Pour célébrer ses trente ans de mariage avec Anne, Jean voudrait organiser secrètement un voyage romantique à Venise (oui, j'aime bien l'Italie). Mais voilà, il a souffert d'un accident vasculaire il y a deux ans, qui a endommagé son cortex préfrontal « froid ». Sa motivation est forte (son cortex préfrontal « chaud » fonctionne bien), mais il ne sait pas par quel bout planifier le voyage. Le temps passe et malgré ses efforts, rien n'a abouti. La volonté ne suffit pas pour agir, nous avons besoin d'un système computationnel qui rend opérationnels nos souhaits et nos désirs.

Plus encore, sans l'esprit raisonnable, les émotions sont débridées et nous empêchent de réfléchir posément et donc d'atteindre nos buts. Ainsi, dans la dépression, plusieurs équipes, notamment celle du Pr Helen Mayberg (Mont Sinaï, New York), ont montré qu'il existait une hyperactivation d'une partie du cortex préfrontal « chaud » (ou *cortex ventromédian*) et que celle-ci est corrélée aux ruminations morbides caractéristiques de cette maladie [2]. Chez les mêmes patients, le cortex préfrontal « froid » (*cortex dorsolatéral*) est lui hypoactif et cette observation se conjugue avec une baisse des capacités de prise de décision. En définitive, les pensées intrusives négativement colorées affectivement et émotionnelles prennent le dessus sur la pensée « raisonnable ».

Voici un autre exemple qui montre comment le dérèglement du cortex préfrontal « chaud » entraîne une série d'actions cohérentes prises séparément, mais socialement inappropriées lorsqu'elles sont considérées dans leur ensemble. De la fenêtre de sa maison, Patrick dispose d'une vue parfaite sur le verger de son voisin. En cet après-midi caniculaire, les abricots sont mûrs. L'idée de préparer une tarte sucrée et acidulée se fixe dans ses pensées, immédiatement suivie de la vision de lui-même montant sur les arbres fruitiers et entamant la récolte, ou plutôt le pillage. Et si l'irascible voisin le surprenait ? Les volets de sa maison sont fermés, il ne doit pas être chez lui.

Patrick imagine alors toutes les étapes pour récolter les abricots tout en masquant les traces de son passage. Le soir, son épouse s'étonne de découvrir des kilos de fruits stockés dans la cuisine. « J'ai acheté ces abricots au supermarché et je fais ce que je veux de mon argent », se défend-il. Le lendemain, le voisin l'accuse de vol. « Je n'ai rien dérobé de ma vie, ce n'est pas aujourd'hui que je vais commencer. » La droiture personnifiée, lui, le greffier du tribunal d'instance à la retraite ! Il finira par avouer et proposera un dédommagement. Il n'a rien volé. Voler est contre ses valeurs.

Patrick était bizarre depuis quelque temps. « Il n'est plus lui-même », me dira en substance sa femme lors d'une consultation. En réalité, il est affecté d'une dégénérescence frontale qui explique son comportement. À l'inverse de l'exemple précédent, le système computationnel « froid » fonctionne bien et permet à Patrick de planifier ses actions. En revanche, la mise en contexte de son comportement (le rapport « bénéfice/risque » au sens large, qui attribue une valeur affective relative aux choses) déraille et voilà qu'il peut transgresser les règles sociales qui jusque-là régissaient strictement son existence. La connaissance des convenances et des valeurs morales n'a nullement disparu. Patrick peut froidement les réciter mais elles ne s'incarnent plus dans ses actes.

J'enlève le haut ou le bas ?

Allons plus loin. Si le cortex préfrontal « froid » fonctionne à plein régime, notre quotient intellectuel obtient un score maximal. En effet, l'intelligence humaine est surtout évaluée par ce que l'on appelle la connaissance « fluide » ou encore les fonctions « exécutives » (nos capacités de planification, de raisonnement, de jugement, d'abstraction…) et que je nomme ici la cognition « froide ». Mais imaginons qu'un être humain au QI élevé ait le malheur d'être sous-développé du côté du cortex préfrontal « chaud », la partie chaude de notre cognition qui contribue notamment à l'adaptation sociale. Quel en serait le résultat ? Un être particulièrement brillant, éprouvant comme chacun d'entre nous des pulsions et des fantasmes, mais dénué de chaleur humaine et de pitié. Que fera-t-il de sa vie ? *Serial killer* ?

De fait, plusieurs études ont été menées en Amérique du Nord, au Japon et dans les pays scandinaves, notamment chez des populations d'adultes incarcérés ou d'adolescents en « maison de redressement » tendant à montrer que les comportements antisociaux, notamment les agressions envers les autres, étaient associés à un volume plus réduit des parties du cortex préfrontal « chaud » jouant un rôle central dans nos facultés d'empathie [3]. Nous verrons dans un autre chapitre que la genèse de la violence doit beaucoup à un cortex préfrontal mal développé.

Ces découvertes suscitent des interrogations morales et juridiques. Si les agresseurs ont un cortex préfrontal « bas » peu développé, quelle est leur part de responsabilité dans leurs actes ? Ainsi, les avocats invoquent de plus en plus fréquemment la médecine et la neuro-imagerie dans les tribunaux aux États-Unis pour disculper leur client. Peut-on ainsi échapper à nos responsabilités si nos défenseurs montrent que notre cortex préfrontal « chaud » n'est pas anatomiquement formé comme celui de la majorité des gens ? Cette question en soulève au moins trois autres : quelle est la part de libre arbitre et de déterminisme dans les actions de chacun ? Peut-on modeler notre cerveau pour éviter que ces « anomalies » organiques apparaissent ? Quelle est donc la part de l'éducation dans le renforcement du cortex préfrontal au service de l'empathie et de l'adaptation sociale ? Des questions abyssales, que nous considérerons au fil des chapitres.

En haut de l'arbre, il fait « froid »

Tous les mammifères sont dotés d'un cortex préfrontal « chaud ». Cela indique que les mammifères ont en commun un système assez similaire pour motiver leur comportement, réguler leurs émotions et les besoins de leurs viscères et mettre en place des interactions sociales reposant sur l'empathie. En revanche, tous ne sont pas dotés d'un cortex préfrontal « froid ». Seuls les primates, des plus petits lémuriens jusqu'à l'*Homo sapiens*, en bénéficient [4]. Cette région est facilement identifiable au microscope. Elle apparaît comme une écorce à six couches dont la quatrième est hypertrophiée et contient comme des petits granules, d'où son nom de « cortex granulaire ».

Le cortex granulaire est un organe aussi récent dans l'évolution que les primates (entre 85 et 35 millions d'années avant notre ère). Rappelez-vous, il contribue grandement à notre QI et nous aide à résoudre les problèmes intellectuels inédits et les plus complexes. Cette structure possède des similitudes importantes chez l'Homme et chez les singes, tant sur le plan de l'anatomie que des fonctions mentales. Certes, notre cousin le plus proche est le chimpanzé, avec lequel nous partageons plus de 98 % de notre génome, mais nous sommes assis sur la même branche (si l'on peut dire) que bien d'autres primates [5].

Ainsi, sur l'arbre du vivant, nous sommes perchés, avec nos autres collègues grands primates (le gorille, l'orang-outang, le chimpanzé et le chimpanzé pygmée, aussi appelé bonobo), sur une branche que nous partageons avec d'autres singes, plus petits, que l'on nomme les singes du « vieux monde » (d'Afrique et d'Asie), parmi lesquels se trouvent les macaques. Pourquoi le souligner ? Parce que, parmi nos lointains cousins se trouve le macaque rhésus qui, pour son infortune, est le primate qui a été le plus étudié en neurosciences cognitives et des comportements. Il peut donc nous donner quelques précieuses indications sur ce cortex préfrontal « froid » que nous partageons tous et lever quelques-uns des mystères de la cognition humaine. Et si le macaque nous révélait les mécanismes sous-jacents à la dimension « raisonnée » de nos décisions ? Rendez-vous au chapitre suivant.

7

DIFFÉRER L'ACTION

Où l'on apprend comment le macaque nous a aidés à construire la tour de Londres

La tour de Londres n'est pas qu'une forteresse médiévale construite par Guillaume le Conquérant. C'est aussi le nom donné à une épreuve cognitive évaluant nos capacités à planifier les actions futures. Elle nous oblige à penser les étapes successives pour résoudre un problème logique (comme un joueur d'échecs imagine les mouvements des pièces sur un échiquier, afin de mettre son adversaire « échec et mat »). C'est un jeu constitué de douze problèmes de complexité croissante. Il est composé de trois piquets en bois alignés, de hauteurs différentes, sur lesquels le joueur peut enfiler des boules. On peut placer jusqu'à trois boules sur le premier piquet, deux sur le deuxième et une seule sur le troisième. À partir d'une disposition de départ des boules, l'objectif consiste à atteindre une configuration finale avec un nombre imposé de déplacements.

Dans un exemple de partie de difficulté intermédiaire, deux boules de couleurs différentes, l'une rouge et l'autre jaune, sont superposées sur le premier piquet, la rouge en bas. Une boule bleue est empalée sur le second. On dispose de cinq mouvements pour amener toutes les boules au premier piquet dans l'ordre : jaune à la base, bleue au milieu et rouge au sommet. Évidemment, la boule rouge étant sous la jaune, si on veut la déplacer, il en coûtera deux coups. Les lecteurs entreprenants représenteront sur une feuille la position initiale et essaieront de résoudre le casse-tête, en imagination, SANS dessiner. Ils seront alors en train de *planifier.*

En réalité, les choses sont un peu plus subtiles du point de vue cérébral. La Tour de Londres est certes une tâche de planification, mais le jeu repose lui-même sur des opérations mentales plus basiques. Si vous vous êtes essayé à un casse-tête du même genre, vous vous êtes rendu compte que pour arriver à la position finale, il vous a fallu créer mentalement des images des étapes, puis maintenir actives ces représentations et les manipuler, c'est-à-dire imaginer des déplacements menant vers la résolution, quitte à les corriger. Ensuite seulement, vous étiez prêt à lancer le plan d'action et à bouger réellement les boules. Mais pour ce faire, votre cerveau a dû transférer ce plan vers les zones qui organisent la séquence de mouvements.

Ainsi, la planification peut être découpée en de nombreuses tâches ou opérations plus élémentaires.

En décomposant la planification en ces processus plus fondamentaux, nous pouvons montrer comment, grâce à certains réseaux de neurones dans le cortex préfrontal, nous naviguons mentalement entre ce qui n'est plus (le passé et la mémoire), ce qui est (le présent) et ce qui pourrait être (la perspective du futur), puis agissons en conséquence. Rendons grâce aux macaques rhésus pour ce résultat. En effet, il est possible d'étudier chez un singe l'activité électrique des neurones alors que l'animal réalise une tâche. Comme je l'ai déjà indiqué, l'opération exige de descendre une fine électrode dans la zone d'intérêt et d'enregistrer le signal électrique, neurone par neurone, un travail fastidieux dont mon Hiroshi et ses collègues japonais étaient passés maîtres (chapitre 4). Évidemment, puisqu'il est impossible de faire pénétrer une électrode dans le cerveau d'un humain uniquement pour percer les secrets de sa cognition, il faut remercier les macaques qui ont permis l'ouverture exceptionnelle de cette fenêtre scientifique pour comprendre ce que nous sommes.

A-t-on pour autant étudié l'activité des neurones pendant qu'un singe rhésus résolvait le jeu de la tour de Londres ? Non, car le défi se révèle trop complexe pour cette espèce. En revanche, il est tout à fait possible pour un macaque, si on lui propose une tâche plus simple, de créer une représentation mentale, de manipuler celle-ci et de préparer une action qui en découle. D'où l'intérêt de décomposer la résolution de la Tour de Londres en des opérations plus basiques qui deviennent alors accessibles à l'étude chez le singe. Cette stratégie a conduit à l'une des plus importantes et fascinantes découvertes en neurosciences des comportements : la mise en évidence des « neurones de délai [1, 2*] ». Présents chez tous les primates (donc chez nous), ceux-ci font le lien entre le passé, le présent et le futur. S'ils n'existaient pas, le présent seul compterait et il nous pousserait à des actions réactives et non pesées.

Le « Ouigo » est retardé

Le primate, Timothée, un mâle soumis (il est impossible de faire travailler un patriarche dominant dans la société des macaques), est tranquillement assis sur une chaise. Pendant des semaines, Hiroshi lui a appris à fixer des yeux une croix qui apparaît au centre de l'écran. C'est alors qu'un spot scintillant surgit en périphérie. Timothée, à force de répétitions et de récompenses, sait que, malgré ce stimulus lumineux très attractif, il doit garder les yeux sur la croix centrale. La tâche comportementale va se dérouler en plusieurs phases : la première, appelée « présentation », est le moment durant lequel le spot lumineux périphérique est présent à l'écran. Le spot disparaît assez rapidement, laissant seule la croix visible. Cette seconde phase est le « délai ». Pendant ce temps, de 5 à 60 secondes selon les variantes de l'épreuve, Timothée doit fixer la croix.

À l'issue de cette durée, un signal sonore retentit, annonçant au singe l'ultime stade du test. Il doit à présent agir et fixer la position présumée du spot lumineux (un système de capteurs suit ses yeux au degré près). De longues secondes se sont donc écoulées entre la disparition du spot et la réponse du macaque. Pour braquer le regard au bon endroit, Timothée devra faire le lien, pendant la phase de délai, entre le passé (la présentation du stimulus) et la réponse qu'on attend de lui (le déplacement des yeux). Si Timothée bouge son regard au bon moment, il obtiendra une récompense.

Que se passe-t-il dans son cortex préfrontal « froid » lorsqu'il doit associer le stimulus visuel à une action, c'est-à-dire pendant les interminables secondes de la période de délai ? Une véritable tempête a sévi dans son crâne. Hiroshi a suivi l'activité électrique d'un neurone du cortex préfrontal « froid » pendant tout l'essai. Pendant la présentation du spot lumineux, rien de véritablement important ne se passe dans ce neurone, puis soudainement, à la disparition du spot lumineux, une déferlante de potentiels d'action* se produit à haute fréquence, gardant ce neurone actif pendant toute la durée du délai. Quand le signal sonnant l'ordre du mouvement oculaire retentit, la tempête s'arrête aussi brusquement qu'elle s'est déclenchée. Par cette expérience, Hiroshi a mis le doigt (ou plutôt l'électrode) sur un neurone de délai, une observation déjà effectuée avant lui, dans les années 1970 par Kubota et Niki au Japon et Fuster aux États-Unis [3].

Que révèle cette découverte sur notre fonctionnement cérébral ? Je pose toujours cette question aux étudiants lors du cours que je donne sur le cortex préfrontal, en précisant ma pensée : pourquoi ces neurones déchargent-ils à un moment durant lequel il ne se passe rien ? Tout d'abord, une relation directe existe entre cette activité électrique durant le délai et le succès de l'action, c'est-à-dire qu'elle prédit la réussite à l'épreuve. Ensuite, certains neurones de délai conservent la trace du point lumineux périphérique. Dit autrement, ils maintiennent en mémoire à court terme l'endroit où il se trouve. Grâce à cette mémorisation, le macaque pourra le fixer, même en son absence.

GPS mental

Ce n'est pas tout : d'autres neurones de délai ne gardent pas la trace du spot lumineux, mais la convertissent en un vecteur directionnel indiquant le mouvement que les yeux devront effectuer au moment de la réponse. Comment le sait-on ? Tous ensemble, les neurones de cette région forment une carte de « géolocalisation » et sont donc capables de localiser très précisément un stimulus dans l'espace (si un neurone donné est formaté pour s'activer pour un événement passé, présent ou futur situé à 30° à gauche, alors un second pourra s'activer pour 31° à gauche et un énième pour 30° à droite). Il est donc théoriquement possible de dissocier les activités des neurones liés à la mémorisation du stimulus de ceux associés à la direction de la réponse.

Passons de la théorie à la pratique. Le singe s'attelle à une variante de la tâche comportementale, durant laquelle il doit cette fois, au moment de sa réponse, déplacer le regard dans la direction exactement opposée à l'endroit où a été présenté le stimulus lumineux. Si l'on affiche un stimulus à 30° à gauche, la réponse après le délai devra être de 30° à droite. Dans ce cas, grâce à la propriété « géolocalisatrice » de ces neurones, il est possible d'identifier séparément les neurones de mémorisation s'activant pour un stimulus lumineux présenté avant le délai, à 30° à gauche, des neurones s'activant pendant le délai, à 30° à droite, alors qu'à ce moment précis aucun déplacement n'a encore eu lieu. En d'autres termes, nous avons mis en évidence des neurones qui préparent l'action à venir.

Supposons à présent que, immédiatement après l'apparition du spot lumineux, notre singe décide de diriger les yeux dans sa direction, sans attendre la fin du délai, car il a hâte de recevoir la récompense. Dans ce cas, il ne recevra rien – de quoi se garder de toute réponse impulsive. Il doit donc exister des neurones de délai inhibiteurs, bloquant la réponse réflexe du singe d'aller porter son regard vers la cible lumineuse avant l'autorisation fournie par le signal sonore. Le passé (la mémorisation de la cible lumineuse), le présent (l'inhibition de la réponse inappropriée) et le futur (la préparation du déplacement oculaire à venir) sont codés par ces neurones de délai. Ils permettent donc à Timothée de ne pas être dans une action réflexive, dans le « *Je perçois – j'agis* », mais au contraire dans un choix issu d'une délibération mentale reposant sur des informations provenant des trois dimensions temporelles [4].

Complexifier l'épreuve oculomotrice précédente est riche d'enseignements. Le macaque est cette fois exposé à plusieurs cibles lumineuses, qui apparaissent successivement en différents endroits de l'écran. À la sonnerie, il doit reproduire la séquence du regard (cibler les points dans leur ordre d'apparition). L'analyse de l'activité électrique lors de cette expérience montre qu'il existe des neurones qui codent pour l'ordre de la séquence [5]. Ainsi en fonction de la construction du jeu, on identifiera d'autres types de fonctions à nos neurones de délai. Qu'en conclure ? Que tous ces neurones, par leurs activités conjuguées, contribuent à la réalisation des tâches de planification. C'est un ensemble d'ouvriers complémentaires, chacun « aveugle » à la globalité de l'épreuve, mais dont l'organisation en réseau local autorise l'émergence de nos capacités intellectuelles.

Le délai de ces épreuves matérialise un « tampon » entre la perception et l'action et témoigne de l'existence d'un espace mental où notre esprit délibère consciemment et manipule toutes les dimensions temporelles utiles à nos comportements. Tout ce qui est rattaché à ces différentes temporalités sera représenté dans cet espace mental : pour le passé, il s'agit de nos souvenirs et des expériences que nous en tirons, nos connaissances didactiques, nos croyances et nos valeurs. Ces informations entrent en compétition ou en complémentarité avec le présent, durant lequel nous sommes bombardés de perceptions sensorielles, participons à des interactions sociales, ressentons des besoins corporels tels que la faim ou la soif ou vibrons pour des désirs ou des pulsions. Quant au futur, il incarne nos objectifs, les plans pour les atteindre, mais aussi les espérances ou les conséquences que laissent entrevoir nos actions à venir. Comme nous l'avons souligné, cet espace mental où nous nous triturons les méninges se matérialise sous la forme d'une activité soutenue de neurones dans la partie « froide » du cortex préfrontal.

Je peux avoir votre « 06 » ?

Maintenir dans le présent une trace du passé et manipuler cette information en vue d'une action future équivaut à la gymnastique mentale qu'exige le jeu de la tour de Londres. Ainsi, parallèlement à l'enregistrement des neurones chez le macaque, le psychologue Alan Baddeley proposa de regrouper les processus mentaux affleurant dans ces expériences sous le terme « mémoire de travail [6*] ». Il ne s'agit pas vraiment d'une mémoire à proprement parler, mais plutôt de la mise à disposition temporaire d'une image mentale dans un « magasin virtuel » où elle peut être utilisée telle quelle ou bien modifiée en prévision du futur. Une fois l'action effectuée, l'image disparaît du magasin.

Imaginons qu'une femme et un homme se rencontrent lors d'une soirée. Le courant passe. Le moment est venu d'échanger les numéros de téléphone. « 06... ». La femme écoute attentivement les cinq nombres composant les dix chiffres du code portant l'espoir d'une rencontre décisive. Les neurones de délai s'activent et invitent les chiffres dans son magasin mental. Ils flottent dans sa pensée et elle les enregistre dans son mobile.

Un peu plus tôt dans la soirée, l'homme a demandé où elle habitait, songeant déjà à venir la chercher au pied de son immeuble pour l'amener dans ce petit restaurant romantique qu'il affectionne. En imagination, il fait le trajet à partir de chez lui. Non, ce n'est pas la bonne route. Il revient sur ses pas et reconfigure le chemin. Il ne se représente pas des chiffres cette fois. Ce ne sont pas non plus des mots, mais plutôt des images de navigation spatiale, maintenues et manipulées dans l'espace mental de représentation de son magasin virtuel. Ainsi, ces deux amants en devenir ont fait appel à leur mémoire de travail, l'une verbale, pour les chiffres et l'autre visuelle, pour l'espace.

La mémoire de travail est la fugace mémorisation d'informations dont l'objectif est la réalisation d'une action. Sa finalité n'est pas de créer un souvenir durable. Elle n'est pas un lieu de stockage des informations. Celles-ci passent et s'effacent. Ce magasin virtuel est conçu pour le court terme, c'est-à-dire moins d'une minute. Au-delà, il se vide. D'ailleurs, y maintenir une trace n'est pas de tout repos et exige de ressasser les données à voix basse. C'est ce que Baddeley nomme la « répétition sous-vocale ». Si vous entendez une série de chiffres comme « 2-7-4-6-3 » qu'il vous faudra restituer à voix haute dans 10 secondes, cela ne devrait pas poser de problème entre 7 et 77 ans. En revanche, quel que soit l'âge, si pendant ces dix secondes, il vous faut exécuter une autre tâche comme répéter « vingt » autant de fois que possible, il est fort possible que quelques-uns des chiffres s'envolent. La répétition sous-vocale a été bloquée par une interférence.

Les travaux de neuro-imagerie chez l'être humain ont montré que la mémoire de travail active un réseau de plusieurs zones du cerveau. Le nœud central de cette toile est la partie « froide » du cortex préfrontal. Prenons de nouveau l'exemple d'une série de chiffres à retenir puis à restituer dans l'ordre. Le cortex préfrontal est un chef d'orchestre : il ne produit pas les chiffres (de même que Herbert von Karajan ne jouait pas de violon au chapitre précédent). Les nombres sont représentés ailleurs, dans le cortex pariétal, en particulier dans l'hémisphère gauche. Notre cortex préfrontal « froid » participera à garder la trace active pendant tout le temps nécessaire, en envoyant des signaux en permanence vers cette région. En cas d'interférence, le cortex préfrontal est distrait et envoie moins de signaux de renforcement. Et la performance s'effondrera.

Le cortex préfrontal peut manipuler les données. Imaginons que je vous demande de restituer la série de chiffres en commençant par le dernier et en remontant vers le premier. Cette complication produira une très forte activité dans les neurones de délai du cortex préfrontal « froid ». Enfin, après avoir alimenté la mémoire de travail, le cortex préfrontal lance l'action et communique aux régions impliquées dans l'élaboration de la réponse (ici les parties du cerveau qui programment la vocalisation) les chiffres que notre voix traduira en réponse orale [7].

Un chimpanzé : un enfant de cinq ans

Certes, le magasin ne stocke pas de souvenirs durables, mais si cette femme rencontrée à une soirée préfère mémoriser le numéro de téléphone plutôt que le noter, elle le peut. Chez le macaque, deux chercheurs californiens, Zola-Morgan et Squire, ont montré qu'au-delà de la minute, la trace « sort » de l'espace de représentation mentale pour entrer, grâce à nos hippocampes, dans l'espace de la mémoire à long terme [8]. Inversement, il est possible de faire remonter à la surface de notre mémoire à long terme, ce beau voyage aux antipodes réalisé l'été dernier, et de peindre, à l'aide de notre mémoire de travail, une aquarelle d'Ayers Rock (Territoire du Nord, Australie).

On le voit : en trois décennies, des années 1970 aux années 2000, le champ des neurosciences a connu des progrès extraordinaires sur la manière dont nous planifions nos actions futures. Nous mettons en œuvre un espace mental où nous simulons les conséquences de nos actes. Notre ami le macaque nous a permis de relier cette gymnastique mentale à des opérations plus élémentaires, telles que le maintien d'une image mentale, sa manipulation et la préparation de l'action qui en découle. Ces fonctions, que l'on regroupe sous le terme de mémoire de travail, sont associées à l'activité des neurones de délai chez le macaque. Chacune d'elles active chez l'Homme le cortex préfrontal

« froid ». Outre son rôle capital dans la planification, la mémoire de travail permet à chacun de nous de raisonner, de délibérer et prendre des décisions, de comprendre une discussion, de s'exprimer de façon cohérente… ou de retenir le numéro de téléphone de la personne qui nous a tant ébloui.

Notre capacité de mémoire de travail est pourtant limitée. Dans le domaine visuel, nous pouvons retenir, par exemple, la position de six à huit cibles lumineuses, avant de les restituer dans l'ordre. Dans le registre des mots et des chiffres, nos aptitudes avoisinent ces performances. Chez l'être humain, la capacité de la mémoire de travail demeure néanmoins exceptionnelle par comparaison à notre cousin le plus proche, le chimpanzé. *Pan troglodytes* (son petit nom latin) ne peut maintenir et manipuler pas plus de deux ou trois informations, atteignant difficilement les capacités cognitives d'un enfant de cinq ans. Ce fossé entre nos mémoires de travail pourrait avoir été l'un des points de bascule cognitif qui a distingué notre espèce des autres grands singes [9]. En effet, manipuler un grand nombre d'informations en mémoire de travail ouvre l'anticipation du futur vers des perspectives inégalées d'abstraction, de créativité et d'imagination. C'est une autre histoire fascinante que nous découvrirons ensemble dans un chapitre sur l'évolution de la cognition à travers les temps et les espèces d'hominidés.

8

ATTRIBUER UNE JUSTE VALEUR AUX CHOSES

Où l'on apprend que rien n'est plus motivant que de démonter des téléviseurs

Vous venez d'acheter une voiture électrique. Votre motivation ? Les préoccupations écologiques évidemment ! Vous vous êtes rallié à la conclusion objective que pour sortir l'humanité de l'ornière environnementale, quoi de mieux qu'un véhicule vertueux quant à ses émissions de CO_2. Bref, franchir la porte du concessionnaire était le fruit d'un calcul froid et rationnel. Hum... pas si sûr. Qu'est-ce qui nous pousse à agir ? Notre intelligence ou nos pulsions ? Notre discernement ou nos croyances ? Dit différemment, l'initiative de nos agissements volontaires provient-elle de la raison ou de notre « âme », du cortex préfrontal « froid » et raisonneur ou de son pendant « chaud » et affectif ?

Pour ma part, je plaide pour l'idée que le *primum movens* de nos comportements volontaires repose sur l'atteinte d'objectifs assez primaires, de nature émotionnelle ou affective. Quand un choix se présente à nous, nous cherchons à faire en sorte que celui-ci nous soit le plus favorable quant aux conséquences. Le plus favorable ? C'est-à-dire que nous maximisons le rapport bénéfice/effort ou risque. Toutes nos décisions dissimulent la recherche d'une récompense ou l'évitement d'une punition. Aussi ce n'est pas la raison pure, mais la résolution présente ou future d'une tension émotionnelle ou affective qui nous pousse vers l'action.

La valeur de l'action

Prenons un exemple concret : j'aime beaucoup le chocolat, mais j'ai malheureusement une tendance à l'embonpoint. Si je sais qu'il y a une tablette dans un placard de la cuisine, je me connais, j'irai inévitablement me servir. Alors je n'en achète pas. Est-ce la raison qui guide mon comportement ? En apparence oui, puisque j'ai réfréné par un choix raisonnable une pulsion qui aurait entraîné une prise de poids délétère. Mais en réalité, non ! J'ai imaginé ma silhouette dans le futur si je succombais à la tentation, j'ai établi un rapport bénéfice/risque. En résistant à ma pulsion chocolatée, je me suis représenté ses éventuelles conséquences pour ma santé et mon apparence. Ceux-ci comptent pour moi car la maladie est associée à la souffrance tandis qu'un corps svelte renvoie à la séduction. Bref, on est loin d'un choix purement rationnel et froid. Prenez n'importe laquelle de vos propres décisions et vous constaterez qu'elle a été guidée par la tentative d'atteindre une récompense ou d'échapper à une punition.

Poussons plus loin la réflexion et analysons les comportements altruistes ou autosacrificiels. Mère Teresa et Jean Moulin ont fait don d'eux-mêmes et sacrifié leur vie pour les autres. Ils n'ont pas agi seulement pour le bien-être ou la survie d'autrui, mais ont aligné leurs comportements sur leurs convictions. On peut imaginer la souffrance morale qu'aurait induite chez eux un choix inverse. La cohérence entre leurs valeurs et leurs actions, malgré un coût considérable, peut être lue comme le résultat positif d'un calcul bénéfice/risque. Ces exemples nous montrent que nos décisions sont plus subtiles qu'en apparence et bien plus chargées émotionnellement que nous voulons bien nous l'avouer. Même des idées abstraites comme les valeurs et les croyances nous renvoient ultimement vers un système de valorisation assez primitif, traduit dans une langue à deux termes : récompense et punition. Tout est dans la valeur affective que nous attribuons aux choses.

Pour poursuivre ce raisonnement, je vais tenter de vous démontrer que notre cortex préfrontal « chaud » décerne une valeur affective aux choses non pas de façon automatique, comme si nous avions une grille universelle de lecture, mais que cette évaluation dépend du contexte d'une situation. Dans le même temps, l'organe évite que les valeurs affectives pulsionnelles prennent le dessus. Entre les lignes se cache l'idée que le cortex préfrontal « chaud » est la source de nos choix volontaires, guidés par nos affects, tandis que le cortex préfrontal « froid » est celui qui, par les capacités cognitives de haut niveau qu'il nous confère, met en musique ces choix. Votre cortex préfrontal vous manipule dans vos choix. Voilà comment il procède.

Des TV de la cave au grenier

Pourquoi fallait-il aller voir ce maudit docteur ? La faute à cette migraine tenace qui assomme Patrick et va crescendo depuis quelques semaines. Elle l'empêche de rêver à cet avenir radieux qui se dessine. Nouveau propriétaire, un amour épanoui, deux jeunes enfants, les batailles de polochons le dimanche matin et une récente promotion en interne. Il faut dire que Patrick est le meilleur expert-comptable de son entreprise. Le diagnostic le sonne : une tumeur cérébrale ! Oui mais pas méchante. Pas un cancer, non, un méningiome. Une excroissance localisée des méninges, c'est-à-dire des enveloppes du cerveau. Suffisamment grosse pour menacer de comprimer le nerf optique droit qui conduit le signal visuel de l'œil droit vers le cerveau. La cécité monoculaire guette. En outre, cette tumeur comprime le cortex préfrontal « chaud » des deux côtés, comme le montre l'IRM cérébrale. Le neurochirurgien connaît son affaire et rassure Patrick et son épouse.

« Certes, il faut ouvrir la boîte crânienne, mais c'est une intervention standard simple et, pour s'assurer que le méningiome ne repoussera pas, il est prévu une ablation complète et bien au-delà de ses limites.

— Mais docteur, est-ce qu'il n'y a pas un risque de toucher le cerveau et d'entraîner une paralysie d'un bras ou je ne sais quoi ?

— Cher Monsieur, il est vrai que nous allons retirer une petite zone du cerveau, mais elle est muette et vous ne verrez pas de différence entre aujourd'hui et après l'intervention. Surtout, vous conserverez votre vue ! »

L'intervention se déroule parfaitement. Pourtant, rentré chez lui, Patrick n'arrive plus à songer à son avenir radieux. Il a du mal à penser tout court, à dire vrai. Il ne pense à rien… sauf à cette obsession qui tourne en boucle autour des téléviseurs et des magnétoscopes. Un mois après l'intervention, un soir, il prend son break et sillonne la ville. Il passe avant le service des encombrants et rapporte à la maison quelques vieilles télévisions, au grand étonnement de la famille. Et les démonte l'une après l'autre.

Bientôt, la table de la salle à manger déborde de composants électroniques et les carcasses de vieilles télés s'empilent dans le salon comme des trophées. À court de matériel, Patrick repart en chasse. L'objet de sa collectionnite aiguë emplira les autres pièces, puis la cave, et quand celle-ci sera pleine, il contaminera celle des voisins et même la gaine d'aération de l'immeuble. Impossible d'arrêter Patrick. Le syndic s'en mêlera et la famille n'aura d'autre choix que de l'envoyer passer quelques semaines au vert, le temps de faire table rase.

« Je ne sais pas » : voilà l'explication !

La compréhension du comportement de Patrick mettra du temps à émerger au sein de notre équipe. Cette histoire intrigante révèle pourtant de vertigineux aspects du fonctionnement de notre cerveau. Pour tenter de comprendre le collectionnisme pathologique du patient, nous l'avons d'abord interrogé. Pourquoi cette attraction vers les téléviseurs ? : « *Je ne sais pas.* » Cela vous procurait-il de la joie, une émotion particulière ? « *Je ne sais pas.* ». Pouvait-il s'agir d'une compulsion comme chez les patients obsessionnels-compulsifs qui, pour calmer une anxiété et ressentir un soulagement, se sentent dans l'obligation d'accomplir un geste, un acte ? Était-il pris d'un besoin intense de plaisir associé ou non au manque, comme une personne atteinte d'addiction ?

S'agissait-il d'une inclinaison esthétique comme celle d'un collectionneur d'œuvres d'art ?

À toutes nos questions, Patrick nous opposait la même réponse morne, qu'il assenait aussi à sa famille, tout aussi perplexe que nous face à ce mystère. Il n'avait jamais collectionné quoi que ce soit, n'avait jamais démonté de télévision ou tout autre objet. Il éprouvait une répulsion pour le bricolage. Il ne présentait pas de tempérament particulièrement anxieux ni de tendance à l'addiction. Quelle déception de ne pas avoir l'amorce d'une explication.

Pourtant, la solution était sous nos yeux, au moins en partie ! Elle résidait dans le « *Je ne sais pas* » répété à l'envi. En effet, ces mots pouvaient indiquer qu'il n'avait aucune prise sur son comportement, que celui-ci était en roue libre, guidé par une pulsion profonde inconsciente. Ils traduisaient une absence d'introspection. Or, exercer sa volonté nécessite d'entrer consciemment en soi. Souvenez-vous du chapitre précédent, pour qu'un comportement volontaire existe, il faut qu'il apparaisse dans l'espace tampon entre le « *Je perçois* » et « *j'agis* ». Chez Patrick, une partie du cerveau percevait un signal, l'autre agissait, mais aucune délibération volontaire ne s'interposait entre ces « deux cerveaux ». Résultat, il s'enfermait dans un comportement automatique.

Paradoxe : si sa motivation flanchait, il manifestait une capacité d'organisation quasi militaire. En effet, pour mener à bien son collectionnisme, Patrick avait dû se rappeler que les encombrants passaient le lundi soir, puis suivre en voiture un trajet optimal afin que la collecte soit fructueuse. Entasser tous ces téléviseurs à son domicile exigeait aussi une stratégie. Bref, son cortex préfrontal « froid », celui de la planification et du maintien des objectifs à long terme, fonctionnait. Mais il tournait librement, sans le contrôle du système de la « motivation » consciente, qui dépend de la partie « chaude » du cortex préfrontal, détruite par l'intervention chirurgicale.

Myopie du futur

Cela n'est que le début de l'explication de son comportement aberrant. Approfondissons grâce à l'histoire d'un autre individu singulier. Si vous avez lu *L'Erreur de Descartes* d'Antonio Damasio, vous connaissez ce patient dénommé EVR [1]. Il se présenta, du moins au début de son histoire médicale, comme Patrick, puisque lui aussi avait eu un méningiome et quand il fut opéré, l'intervention élargie amputa une grande partie de son cortex préfrontal « chaud ». Alors qu'en apparence tout semblait rentrer dans l'ordre, arriva un moment où « EVR n'était plus EVR ». Patrick et EVR étant experts-comptables, un étudiant me demanda un jour s'il pouvait s'agir d'une maladie professionnelle.

Bien que leur métier constitue un sacré remue-méninges, je tiens ici à rassurer tous les professionnels qui liraient ces lignes !

À la différence de Patrick, EVR ne collectionnait pas les téléviseurs, mais les pierres, qu'il ramassait un peu partout. Surtout, il éprouvait de grandes difficultés à prendre des décisions, mettant un temps considérable à choisir une chemise ou un plat sur un menu. Son indécision avait des répercussions majeures sur sa vie personnelle et professionnelle. De plus, quand il entérinait une décision, elle était souvent impulsive et influencée par autrui. Il manquait aussi de discernement pour évaluer les conséquences futures de ses actions.

De fil en aiguille, EVR perdit son emploi, divorça et vida son compte en banque, influencé par des personnes malveillantes. Il se retrouva à dépendre de l'Armée du Salut. Dès le début de cette rupture de trajectoire, des interrogations médicales apparurent. Il consulta en psychiatrie mais son état ne semblait concorder avec aucun diagnostic. C'est au cours de sa pérégrination médicale que l'équipe du professeur Damasio à Iowa City fit sa connaissance. L'évaluation de ses capacités cognitives ne révéla aucun déficit, bien au contraire : son quotient intellectuel était au-dessus de la normale (QI = 125) et le bilan de ses fonctions frontales s'avérait excellent.

Il faut noter qu'en 1985, lorsque fut publié le premier article décrivant les déboires d'EVR, seules les tâches évaluant le cortex préfrontal « froid » étaient disponibles. Or EVR avait subi une ablation du cortex préfrontal « chaud ». Damasio et son équipe formèrent alors de nouvelles hypothèses explicatives de la rupture comportementale de EVR qu'ils qualifièrent de « sociopathie acquise », de « myopie pour le futur ». Ces hypothèses furent englobées dans une nouvelle théorie dite « des marqueurs somatiques », établissant une relation profonde entre ses actions et les signaux corporels d'alerte. N'entrons pas d'emblée dans la théorie mais décrivons plutôt la tâche ingénieuse que Damasio et son équipe ont élaborée pour tester leur idée. Comme vous le comprendrez bientôt, cette épreuve comportementale est particulièrement pertinente pour comprendre Patrick. Il s'agit du « test du pari ».

Les pièges des cartes

Dans ce test, le participant dispose devant lui de quatre paquets de cartes à jouer. Chaque carte est associée à un gain ou à une perte financière virtuelle. L'objectif du jeu est simple : il s'agit d'engranger le maximum de gain sur la durée de l'épreuve (45 minutes) en tirant les cartes. Rien de bien sophistiqué ! Toutefois, il y a un « truc ». Dans deux paquets, les cartes entraînent des gains importants alors que dans les deux autres, ceux-ci sont bien plus faibles. Cette règle n'est pas indiquée aux joueurs.

Chaque paquet renferme aussi des cartes causant des pertes d'amplitude variable. Elles sont élevées dans les paquets qui rapportent gros et inversement. Avec une subtilité : dans les deux paquets dont les cartes induisent les plus forts gains, la somme des pertes dépasse nettement celle des gains. Bref, tout est fait pour que piocher dedans offre certes d'alléchantes opportunités, mais présente un énorme risque en retour.

Par tâtonnement, on comprend progressivement que tirer des cartes dans les paquets à gros gains entraînera une balance négative en fin de partie. C'est la stratégie perdante des joueurs invétérés et fiévreux comme celui magnifiquement décrit par Stefan Zweig dans *Vingt-quatre heures de la vie d'une femme* publié en 1927. La bonne approche est celle du « petit épargnant », qui consiste à se replier sur les paquets de cartes à faible gain. Petits profits, certes, mais plus faibles dégâts. Les joueurs normaux opteront pour cette tactique et finiront avec un solde positif.

Comment procèdent les individus atteints d'une lésion dans la même zone du cerveau que EVR ? Leur attirance va vers les cartes à haut profit et malgré l'accumulation des pertes, ils continuent à les privilégier, ce qui les conduira ultimement à un gouffre financier. Pourquoi un tel choix ? Il ne s'agit pas d'une mauvaise compréhension du jeu. Ils ne présentent pas d'altération du raisonnement. De plus, lorsqu'ils sont interrogés en fin de partie, ils peuvent parfaitement expliquer les règles et comment ils auraient dû procéder pour l'emporter. Pourtant, ils n'ont pas suivi leur raison !

L'interprétation que nous faisons de ce comportement repose sur une idée clé : la valeur relative ou contextuelle d'un choix. Si une carte vaut « 100 » et l'autre « 10 », la valeur absolue de la première est dix fois plus forte que la seconde. La valeur absolue est une connaissance didactique figée. Automatiquement, vous la reconnaissez sur l'échelle des valeurs. Ainsi, affectivement, « 100 » représente une récompense plus forte que « 10 ». Or, dans le « jeu du pari », si l'on considère la tâche dans son ensemble, « 10 » est supérieur à « 100 » car il est préférable de jouer « petit » à long terme. L'échelle des valeurs est, le temps du jeu tout au moins, inversée.

Persister dans le choix du paquet gagnant signe potentiellement la faillite. Ainsi, ce comportement automatique fait tomber dans le piège du « court-termisme », appelé « myopie du futur » par Damasio, c'est-à-dire la non-prise en compte des conséquences ultérieures des choix présents. Cette idée ne vous rappelle rien ? On retrouve ici, en miroir des effets de la lésion, le rôle central joué par le cortex préfrontal, qui nous émancipe du présent en faisant entrer dans notre délibération interne les autres dimensions temporelles, dont le futur. Mais ici, ce rôle est particulier car le cortex préfrontal « chaud » traite de cette émancipation sur un aspect bien précis – la valeur affective d'un comportement –, alors que le cortex préfrontal « froid » y participe par notre capacité à raisonner et à planifier.

Quand les neurones mangent à tous les râteliers

Cette idée que le cortex préfrontal « chaud » gère la valeur affective que nous portons aux choses est renforcée par une autre expérience, effectuée chez le macaque rhésus. Elle a été menée par l'équipe de Wolfram Schultz à Fribourg, en Suisse, et est particulièrement éclairante [2]. Les chercheurs ont appris à leur singe cobaye à associer trois images abstraites, non figuratives, à la Kandinsky, à trois récompenses différentes. Quand l'animal voit s'afficher sur l'écran l'image A, il sait que quelques secondes plus tard, il pourra extraire d'une mangeoire une sucrerie qu'il affectionne particulièrement. Quand il verra l'image B, alors il recevra un morceau de pomme qu'il apprécie mais moins que la sucrerie. Enfin, l'image C est associée à une feuille de salade, qui constitue une gratification modeste pour notre primate.

L'expérience est simple : l'image apparaît devant le macaque puis, après quelques secondes, un signal indique que le singe peut récupérer la récompense. Quelques secondes supplémentaires passent et une nouvelle image surgit. La tâche est scindée en deux parties. Dans la première partie, les images A et B suivies de leurs récompenses apparaissent de nombreuses fois dans un ordre aléatoire. La seconde partie est identique à la première, sauf que l'image A et sa sucrerie sont remplacées par l'image C et sa feuille de salade.

Lorsqu'on enregistre les neurones dans le cortex préfrontal « chaud », on note qu'un grand nombre d'entre eux sont activés par les récompenses. Dans la première partie de l'expérience (pendant laquelle le singe engrange des essais avec l'image A et sa sucrerie alternant aléatoirement avec l'image B et son morceau de pomme), concentrons-nous sur un neurone qui répond à la récompense « A » et enregistrons-le à présent quand le singe reçoit la récompense « B ». Ce même neurone ne répond plus. On pourrait donc faire l'hypothèse que ce neurone code spécifiquement pour la récompense « A » (c'est-à-dire la sucrerie) mais pas pour « B » (le morceau de pomme). Est-ce le cas ? Cette fois, dans la seconde partie de l'expérience (durant laquelle le singe est confronté aux images B et C et à leurs récompenses respectives), étudions de nouveau ce même neurone – celui qui s'activait pour la sucrerie mais pas pour le morceau de pomme.

Mettons-nous d'accord : si ce neurone codait pour la récompense « A » (la sucrerie), alors confronté à deux récompenses qui ne sont pas des sucreries (les récompenses « B » et « C »), le neurone ne devrait réagir ni pour « B », ni pour « C ». Pourtant, lorsque « B » est comparé à « C », le neurone réagit pour « B » (le morceau de pomme) comme si c'était la sucrerie. Dans ce choix, entre un morceau de pomme et une feuille de salade, le neurone se comporte comme si le morceau de pomme, qui ne valait rien dans la première partie de l'expérience, équivalait à présent à la sucrerie en termes gustatifs. Conclusion : ce n'est pas la nature alimentaire de la récompense ou sa valeur absolue qui entraîne la réponse du neurone, mais bien sa valeur relative ou contextuelle. Dans une situation de comparaison ou de compétition dans laquelle une friandise est préférée à autre chose, ce neurone est actif pour en faire un choix de préférence sans tenir compte de la spécificité de la récompense.

Dans le même ordre d'idée, à Oxford, Edmund Rolls et son équipe ont montré que lorsqu'un singe avait faim, il absorbait autant de glucose que possible (sous la forme d'une solution liquide en accès libre). Progressivement, à mesure que la satiété était atteinte, l'animal en consommait de moins en moins jusqu'à s'abstenir. Parallèlement, l'enregistrement des neurones dans le cortex préfrontal « chaud » montrait des activités qui suivaient la pente de la satiété : maximales au début puis diminuant progressivement pour s'arrêter [3].

Quel écho ces recherches trouvent-elles chez l'Homme ? Imaginons la situation suivante : vous n'aimez pas les navets et rien ne vous oblige à en manger. D'ailleurs, ceux-ci n'activent pas les neurones de la récompense dans votre cortex préfrontal « chaud ». La guerre et la famine arrivent et seuls sont disponibles à volonté ces rutabagas et autres navets, rabioles et raves. Il est alors fort possible que vous vous précipitiez sur les tickets de rationnement portant la mention navet et que, anticipant ces nouveaux délices, vos neurones du cortex préfrontal « chaud » s'affolent.

Un Nobel d'économie dans le cerveau

C'est ainsi qu'il est possible de dresser un état des lieux comportemental de notre motivation, c'est-à-dire de « ce qui nous pousse à agir » et d'y placer le cortex préfrontal « chaud » dans la position qui lui revient : attribuer une valeur relative aux signaux guidant nos actions. Un certain nombre de déterminants exogènes (un stimulus en provenance de l'environnement) ou endogènes (la faim, la soif ou nos croyances, un objectif à long terme) sont susceptibles de déclencher une action. Pour cela, ces déterminants sont traduits dans nos cerveaux en « valeurs ». Celles-ci peuvent être absolues et déclencher rapidement une action dans des situations bien connues et invariables. Mais elles sont souvent « relatives » et « contextuelles ». Dans ce cas, elles mettent en jeu le cortex préfrontal « chaud » (dans l'une de ses sous-régions, appelée cortex « ventro-médian »).

Quel type de calcul est opéré par cette région ? De nombreux travaux indiquent que la valeur relative est acquise par la mise en place d'un ratio de type « récompense/punition ». Prenons quelques exemples. Ce ratio se traduit dans certains cas en « bénéfice/risque » : « Si j'achète cette belle maison à côté d'un terrain vague, quel est le risque de construction d'une déchetterie ? » Il peut aussi être exprimé par le rapport « bénéfice/effort » : « Je cours pour ma santé mais la perspective de l'effort à venir est pénible. » Ou encore transformé en « bénéfice immédiat/bénéfice tardif » : « Vaut-il mieux mille euros que je dépense maintenant ou mille trente euros épargnés dans un an (+ 3 % comme une épargne sur un livret) ? » Ou enfin, le rapport peut devenir « attrait pour la nouveauté/habituation » : « Cette troisième console de jeux est-elle vraiment nécessaire ? »

Une fois ces « calculs » réalisés, la valeur est rendue opérante par le continuum « récompense » (ce que l'on cherche à obtenir), « punition » (ce que l'on cherche à éviter) et conduit à des réponses telles que la prise de décision délibérée, le déclenchement de la réponse ou l'apprentissage par renforcement*, c'est-à-dire par la « carotte » (la récompense) et le « bâton » (punition) [4].

Bien avant Patrick et EVR, il y eut Phineas Gage (1823-1860), contremaître dans la construction du chemin de fer en Nouvelle-Angleterre. Le 13 septembre 1848, alors qu'il utilisait une barre à mine pour tasser de la poudre d'explosif, une fausse manœuvre entraîna une explosion prématurée. Le cylindre métallique fut projeté et traversa sa boîte crânienne. Contre toute attente et grâce aux bons soins de son chirurgien, Gage survécut. À compter de cet épisode traumatique, son comportement changea totalement : « Gage n'était plus Gage », comme vous commencez à en avoir l'habitude.

Cette histoire gagna en notoriété car la boîte crânienne de Gage et la barre à mine, conservées au Warren Anatomical Museum de Harvard, furent récupérées par les neurologues Antonio et Hanna Damasio et permirent aux auteurs de produire dans un célèbre article paru dans la prestigieuse revue *Science* en 1994 (« The return of Phineas Gage : clues about the brain from the skull of a famous patient [5] ») une reconstruction des probables lésions, par extrapolation de la trajectoire de l'outil au travers du crâne. Quelle zone cérébrale aurait été endommagée ? Je vous le donne en mille !

Les lésions se trouveraient dans le cortex préfrontal « chaud ». Outre un ensemble de bizarreries comportementales, Gage semble être le premier pour lequel fut rapporté un trouble de la valorisation contextuelle que l'on peut attribuer, *a posteriori*, aux lésions du cortex préfrontal « chaud ». En effet, son chirurgien écrit en 1848 : « Il n'évalue pas les dimensions ou l'argent avec précision, bien qu'il ait une mémoire aussi parfaite que jamais. Il n'accepterait pas 1 000 dollars pour quelques cailloux qu'il a pris dans le lit d'une ancienne rivière où il travaillait. » Qui dit mieux ?

Le fruit d'une vie

Finalement, comment les histoires d'EVR et de Gage, le test du pari et les neurones de « récompense » chez le singe, nous permettent-ils de faire un pas supplémentaire dans l'interprétation du « collectionnisme télévisuel » de Patrick ? Rappelons qu'il amassait les téléviseurs sans en comprendre lui-même les raisons. Il n'éprouvait pas de désir particulier à procéder ainsi et les conséquences étaient désastreuses pour lui et ses proches. En outre, nous savons que la région du cortex préfrontal qui détermine la valeur relative des choses avait été retirée bilatéralement. N'ayant plus de capacité à relativiser cette dernière, il était donc guidé par une pensée plus automatique, celle qui attribue une valeur absolue.

Cela signifierait donc que le collectionnisme et le démontage de téléviseur répondent chez lui à un schéma de comportements auquel le cerveau a attribué automatiquement une forte valeur absolue. Comme si, dans un passé enfoui au fond de sa mémoire, l'idée d'amasser des objets ou de démonter des télévisions ou quelque autre chose de ce type serait associée automatiquement à une valeur très positive. L'impossibilité de préciser la valeur contextuelle fait émerger cet automatisme. Pourtant, sa famille n'avait jamais remarqué antérieurement de comportement de ce type. S'ouvre alors à nous un gouffre méditatif : et si Patrick avait une tendance à collectionner et que celle-ci remontait à la petite enfance ?

Avec le développement progressif du cortex préfrontal durant l'enfance, cette tendance a peut-être été camouflée. Serait-elle tapie dans les profondeurs de son esprit et pourrait-elle ressurgir à la moindre défaillance neuronale ? Il faudrait interroger les parents, les frères et sœurs, c'est-à-dire ceux qui ont vu Patrick grandir et se construire. Et encore ! Aucune certitude qu'une pareille enquête révèle le « noyau dur » de comportements profondément enfouis en lui. En effet, sommes-nous sûrs de connaître toutes les pensées qui irriguent le cerveau de nos enfants, de nos frères et sœurs ? Cette réflexion est venue à mon équipe des années après le cas de Patrick, et nous avons lancé un projet de recherche pour l'explorer.

L'idée était simple, mais la réalisation complexe : peut-on, en interrogeant finement les proches, prédire quel pourrait être le trouble comportemental qui apparaîtrait chez une personne atteinte d'une lésion du cortex préfrontal « chaud » ? Pour ce faire, il faut deux médecins. L'un qui connaît le dossier et sait donc quels troubles comportementaux affectent le patient. Et un autre, ignare du cas, chargé d'interroger les proches, qui tentera de glaner des informations sur les secrets et les archaïsmes de la pensée cachée derrière la couche « sociétale ».

Ce second médecin fait un pari sur la nature des troubles, tandis que le premier confirme ou infirme. Malheureusement, cette étude n'a rien donné. Nous n'avons pas réussi à prédire à l'aveugle, à partir des informations sur la personnalité et les centres d'intérêt du patient, la nature de l'anomalie comportementale. Pourquoi ? Nous ne disposons pas d'explication certaine, mais nous avons interrogé les conjoints et les enfants. Or, n'est-il pas plausible que l'architecture des comportements les plus solidement ancrés en nous se forme durant l'enfance et l'adolescence ? Si c'est le cas, nous aurions dû interroger les parents. Et encore, les parents connaissent-ils tout de la vie d'un enfant ? Non, il aurait fallu suivre de minute en minute la construction de ce futur adulte. De ce point de vue, le cas de Patrick demeure un mystère à ce jour.

La monnaie universelle n'est pas le dollar

La « valeur » d'une chose ou d'une idée est le carburant de notre motivation. Prendre une décision au plus près du « prix à payer » est essentiel pour chacun, mais aussi pour la salubrité collective de nos choix économiques. Pourtant, l'idée de *l'Homo economicus*, c'est-à-dire de l'homme effectuant des décisions économiques rationnelles, est battue en brèche par la réalité : nos décisions sont affectives et peu rationnelles. La valeur d'une chose est directement liée à la représentation affective ou à l'émotion qu'elle produit et non pas à la raison, comme l'a parfaitement souligné le père de l'économie comportementale, le psychologue et économiste Daniel Kahneman, Prix Nobel d'économie en 2002 [6]. Nos neurones de récompense « font » que rien de ce qui touche à la décision puis à l'action n'est neutre.

Les primates font de la neuroéconomie à travers le troc ou, pour le plus développé d'entre eux, l'*Homo sapiens*, la monnaie. Avons-nous le même traitement cérébral de la valeur des choses qu'un chimpanzé ou un macaque rhésus ? Prenons en exemple deux comportements, l'un chez le singe et l'autre chez l'Homme. Le premier montre son postérieur en signe de soumission pour obtenir une banane. Ce qui valorise l'effort du macaque est l'obtention d'un objet bien concret, la banane. Un homme, lui, se privera de voyager en avion dans l'idée d'épargner la planète pour les générations futures. Chez cet être humain, ce qui est mis en valeur est un objet bien abstrait touchant au concept : une conviction reposant sur l'altruisme au bénéfice de générations futures n'existant pas encore. En d'autres termes, la banane et la croyance sont-elles valorisées par le même système dans notre cerveau ?

Chez *Sapiens* comme chez le singe, notre cortex préfrontal « chaud » intervient. Des travaux en neuro-imagerie fonctionnelle chez l'être humain tendent à montrer que notre cortex préfrontal « chaud » ventromédian est un « système neural monétaire unique [7*] ». Il intervient aussi bien pour le chocolat que pour l'argent ou les valeurs morales et les croyances les plus abstraites ; mieux, il les passerait à la moulinette de ses ratios « bénéfice/effort » « bénéfice/risque » etc., pour en obtenir – le nec plus ultra – une valeur « universelle » sur l'échelle récompense/punition. C'est cette valeur ultime qui signale et pousse le comportement dans une direction plutôt que dans une autre.

Quelle est la portée philosophique d'un « système neural monétaire unique » ? Si nous contextualisons aussi bien le chocolat que les valeurs morales et, pire, mêlons les bénéfices abstraits (par exemple, suivre un principe moral) et les efforts concrets (par exemple, se priver du plaisir de la chair), alors nous sommes des mammifères comme les autres et aucune spécificité ontologique ne nous singularise. En effet, si nous mobilisons les mêmes principes de fabrication de valeur pour le chocolat et l'altruisme, alors ce qui nous pousse à agir dans notre monde complexe et abstrait n'est qu'une représentation plus sophistiquée de ce pour quoi nous luttons dans un mode plus primitif. Ainsi, que nos objets de désir soient complexes et abstraits ou bien archaïques et concrets, tout est de même nature quand il s'agit de valeur. La pensée humaine, faite de raisonnement, de conceptualisation ou de planification, produite par notre cortex préfrontal « froid », n'a pour but que de nourrir un système unique de valorisation « chaud » dirigé vers notre survie et notre bien-être.

En somme, nous vivons dans un monde où beaucoup de nos objectifs sont éloignés de notre survie immédiate (par exemple, acquérir un bel objet mais sans utilité, comme un bijou) ou sont abstraits (par exemple, s'aligner sur des valeurs morales). Inversement, un diamant n'a pour le macaque pas plus de valeur qu'un caillou quelconque et l'ensemble vaudra moins qu'une poignée de termites. Et il en sera ainsi jusqu'à la fin des temps.

Valoriser, c'est agir de façon appropriée. Chez toutes les espèces de mammifères, pour survivre et vivre, ce qui nous pousse vers l'action repose sur ce qu'il est bon d'éviter et ce vers quoi il faut tendre. Pourtant, plus que tous les autres mammifères, nous nous référons à la valeur relative des choses et, une fois encore, notre cortex préfrontal « chaud », impliqué dans le codage des valeurs, est émancipateur, nous amenant par une délibération tenant compte du contexte à nous extraire de la dictature de l'absolu.

9

DEVINER L'ÉTAT MENTAL D'AUTRUI

Où l'on apprend que le test de Voigt-Kampff aurait pu exister

Bien avant d'être neurologue, j'avais été frappé par une scène du film *Taxi driver* (1976) de Martin Scorsese. Le héros du film Travis Bickle, joué par Robert de Niro, un homme fruste, solitaire et à la dérive, chauffeur de taxi la nuit dans les rues de New York, rencontre Betsy, une femme éduquée, assistante d'un sénateur se présentant pour la présidentielle. Après un premier échange entre Travis et Betsy dans un café, il semble qu'une relation sentimentale pourrait se nouer. Travis invite alors Betsy au cinéma et l'amène voir un film pornographique. Lui paraît tout à fait à l'aise, ne détectant pas le malaise profond qui envahit Betsy. Comment pouvait-il être si aveugle à son embarras ? À la lumière de ce que j'ai appris bien plus tard, son attitude s'éclaire avec la « théorie de l'esprit ».

« *Est-ce que l'enfant autiste a une "théorie de l'esprit" ?* » Tel est le titre d'un célèbre article rédigé par Simon Baron-Cohen, Alan M. Leslie et Uta Frith paru en 1985 dans la revue *Cognition* [1]. La théorie de l'esprit* chez les personnes autistes ? De quoi peut-il s'agir ? Il est question ici de cognition sociale et d'empathie. Penchons-nous sur le test de « Sally et Anne », mobilisé dans l'article. C'est une sorte de spectacle de marionnettes dans lequel des enfants autistes et d'autres, atteints de trisomie 21 ou sans déficience particulière, voient le personnage de Sally déposer une bille dans son panier. Elle laisse le panier sur la scène et part faire un tour. Pendant ce temps, le personnage d'Anne extrait la bille du panier et la met dans une boîte. Sally revient et veut jouer avec sa bille. Où Sally va-t-elle chercher sa bille ?

85 % des enfants sans déficience et 86 % de ceux porteurs de trisomie 21 indiquent que Sally cherchera sa bille dans le panier. En revanche, seuls 20 % des enfants autistes font la même réponse. En général, ils répondent de leur point de vue (« dans la boîte ») et ne se mettent pas à la place de Sally. Ils peinent à attribuer des états mentaux à autrui. En langage scientifique, on dirait qu'ils manquent de « théorie de l'esprit », une expression qui désigne la capacité à faire des inférences sur les pensées, les désirs, les affects ou les intentions d'autrui. Cette aptitude au centre de notre cognition sociale* nous permet de décoder des stigmates émotionnels, des attitudes ou des contextes d'interaction interpersonnelle, et de les interpréter à

bon escient. Sans elle, nous ressemblerions tous à Travis Bickle !

À quoi rêvent les tortues sur le dos ?

Le concept de théorie de l'esprit vient de l'éthologie et a été introduit par David Premack et Guy Woodruff en 1978, alors qu'ils cherchaient à vérifier si le chimpanzé était capable d'attribuer des intentions à ses congénères [2]. La question n'est pas complètement résolue aujourd'hui car aucune des méthodes expérimentales appliquées chez le primate non humain n'est dénuée de biais pouvant conduire à d'autres interprétations. S'il n'est pas certain que la théorie de l'esprit vienne aux singes, en tout état de cause, elle irrigue bien la pensée humaine et est un élément constitutif principal de l'empathie*.

Elle n'inonde apparemment pas la pensée des androïdes. La scène d'ouverture de *Blade Runner* de Ridley Scott (1982) illustre parfaitement ce qu'est l'empathie et la position centrale que l'Homme lui attribue, ce qui caractérise notre espèce. Ce film, adapté d'un roman d'anticipation de Philip K. Dick, montre un futur proche dans lequel des humanoïdes, les *réplicants*, sont des supplétifs des humains pour toutes sortes de tâches ingrates (mineurs ou combattants dans des planètes éloignées ou, pour les modèles féminins, filles de joie). En apparence identiques aux êtres humains, ils seraient dépourvus de certains affects ou émotions, ce qui empêcherait toute interrogation existentielle et les rendrait dociles. Pourtant, un certain nombre d'entre eux s'est échappé d'une colonie lointaine et vient chercher sur terre des réponses à leur condition protohumaine et surtout trouver un moyen d'allonger leur durée de vie qui, il faut le dire, ne s'étend pas au-delà de cinq ans. Fable à plusieurs niveaux de lecture, le film interroge sur notre éphémère passage dans ce monde et sur ce qui fait la condition humaine, notamment les sentiments, la mémoire, la transmission… et l'empathie.

La scène d'ouverture donc. Un détective fait passer à un individu suspecté d'être un *réplicant* le test de Voigt-Kampff, un test imaginaire fondé sur des réactions végétatives telles que la dilatation pupillaire, la fréquence cardiaque ou respiratoire qui témoigneraient des états émotionnels, absents chez ces humanoïdes. On notera ici que ce test fictif ne l'est pas tant que ça. En effet, en psychologie expérimentale et en neurosciences cognitives, ces mêmes marqueurs végétatifs sont couramment employés pour détecter les états mentaux affectifs et émotionnels, comme le test de conductance cutanée. Il s'agit de mettre en évidence, à l'aide d'un capteur posé sur un doigt, de petites différences d'impédance électrique liées à des modifications de la sudation cutanée ou de l'érection pileuse, témoins des variations des états émotionnels. Par exemple, le test de conductance cutanée a été utilisé par l'équipe de Damasio pendant que le patient EVR effectuait le « test du pari ».

Au début du film, le détective lit un texte et suit les réponses végétatives sur l'appareil Voigt-Kampff. Dialogues entre le détective Holden fumant une cigarette et Leon (le suspect) sur un fauteuil de l'autre côté du bureau :

« Vous êtes dans le désert, vous marchez…

— C'est le test ?

— Oui. Vous marchez dans le sable, quand soudain, baissant les yeux…

— Quel désert ?

— Peu importe. Ce n'est qu'une hypothèse.

— J'y fais quoi ?

— Vous en avez assez, vous voulez être seul, qui sait ? Vous baissez les yeux et vous voyez une tortue. Elle avance vers vous.

— Une tortue, qu'est-ce que c'est ? Je n'en ai jamais vu, mais je comprends.

Gros plan sur la pupille de Leon à travers l'appareil. Le détective commence à être suspicieux (on le comprend à travers son expression : ah, la théorie de l'esprit !)

— Vous vous baissez et retournez la tortue sur le dos, Leon. Le soleil brûle son ventre et elle agite vainement ses pattes pour se retourner. Sans vous, impossible. Vous ne l'aidez pas.

— Que voulez-vous dire par « Je ne l'aide pas » ?
Leon s'énerve, mais sa pupille ne se dilate pas.
— Vous ne l'aidez pas. Pourquoi ? »

Leon est dubitatif, anxieux et sidéré. Il n'a pas de réponse. Le détective fait retomber la tension en dédramatisant, mais la non-humanité de Leon est mise à jour. Il est incapable de percevoir le cruel sort réservé à ce reptile. Rendez-vous dans une salle obscure ou sur votre plateforme préférée de vidéo à la demande si vous voulez connaître la suite.

Jean est-il un réplicant ?

L'empathie pour une tortue équivaut-elle à celle que nous développons pour nos semblables ? Il m'apparaît évident que beaucoup d'êtres humains sont empathiques envers leurs animaux de compagnie, quelquefois plus que pour autrui. Il y a peu encore, un animal domestique était considéré légalement comme un bien mobilier et non comme un être vivant sensible. Les choses ont bien changé. Derrière cela, il semble y avoir un transfert interespèce de l'empathie relié à deux principes fort différents.

Le premier me semble élémentaire, voire primitif : l'animal, en particulier le mammifère, est doué d'émotions faciles à percevoir et qui en font un objet d'attachement. Le second est plus cognitif et conceptuel : l'évolution récente de nos connaissances nous amène à penser que l'animal est doué de sensibilité, quasi équivalente à celle de l'Homme. Ces deux principes, l'un « chaud », dans le champ des émotions et l'autre « froid », dans celui de la cognition, sont les deux piliers de la théorie de l'esprit et de l'empathie appliquée à autrui. En cela, l'empathie pour la tortue de *Blade Runner* nous éclaire sur notre vie sociale. Et le cortex (préfrontal) dans tout cela ? Autrement dit, comment se développe chez l'être humain la capacité à formuler des inférences sur l'état mental d'autrui ? Pour répondre à cette question, il n'y a pas de meilleur moyen que de s'intéresser aux personnes qui manquent justement de la capacité à inférer l'état mental d'autrui.

Comme les androïdes de *Blade Runner*, certains patients atteints de démence frontale manquent d'empathie. C'est le cas de Jean, qui était auparavant un homme attentionné et qui, depuis sa maladie, a changé radicalement. En voici l'illustration. Jean ne comprend pas pourquoi Marie, son épouse, ne repasse pas ses chemises. Cela fait plusieurs jours qu'elles sont suspendues sur les cintres à côté de la table à repasser. Elles devraient être bien rangées à leur place dans le bahut de la chambre à coucher. Une première remontrance ne change rien. Il va devoir se mettre en colère ! « Comment ça, tu es fatiguée ? Tu ne fais rien, tu restes allongée toute la journée ! »

Jean sait pourtant que Marie vient d'être opérée d'un cancer du sein et qu'elle a commencé des séances de radiothérapie. Il comprend le sens du mot « fatigue » et est à même d'expliquer rationnellement qu'une personne ayant subi ce type d'actes médicaux est, au moins momentanément, incapable de vaquer à ses occupations antérieures. Rien n'y fait pourtant, il est centré sur lui-même et se désintéresse de son épouse. D'ailleurs, quand elle a été hospitalisée, il n'est pas venu la voir. Quand ses petits enfants sont présents, il les réprimande lorsqu'ils déplacent le moindre objet et ne leur pose aucune question.

Marie raconta cette tranche de vie au neurologue. Jean ne broncha pas alors que ces révélations peu glorieuses auraient dû le faire réagir. Le praticien expliqua qu'il allait explorer ce comportement par des tests psychométriques bien précis focalisés sur l'empathie [3].

Se prendre les pieds dans les rideaux

Tout d'abord, la psychologue chargée de lui faire passer ces tests (une neuropsychologue) présenta à Jean des photos de personnes dont les expressions faciales exprimaient fortement des émotions telles que la colère, le dégoût, la peur, la joie, la tristesse. Quelques clichés montraient des états neutres. Jean ne reconnut pas la peur et le dégoût, qu'il inversa ou classa comme neutre ou reflétant la colère. Il confondit la tristesse avec un état neutre.

Ce premier test, dit de « reconnaissance des émotions faciales d'Ekman », pointe vers l'idée qu'un défaut de décodage des émotions conduit à une erreur d'interprétation des états affectifs chez les autres. Il est aussi possible de vérifier les états émotionnels d'un patient grâce à la tâche de « Lecture de l'état d'esprit dans les yeux », où lui sont présentées des photographies centrées sur les yeux de vingt-cinq personnes [4]. Le participant doit choisir entre deux mots, imprimés en légende du cliché, celui qui décrit le mieux ce que pense ou ressent le sujet photographié (par exemple « jaloux » ou « paniqué »).

Ainsi, une première étape de la construction de l'empathie consiste à bien décoder chez autrui les stigmates corporels en relation avec l'émotion adéquate. Il est possible que certaines prémices de l'empathie soient innées car présentes dès la naissance. C'est ce que Simon Baron-Cohen de l'université de Cambridge appelle les « détecteurs d'intentionnalité ». Par exemple, les mouvements corporels ou la direction du regard de la mère témoigneraient d'intentions ou de désirs. En faisant des erreurs, nous éduquerions notre analyseur d'intention et notre regard s'affinerait. Plus tard, au-delà de 9 mois, naît la capacité à comprendre que l'autre perçoit le même objet et en partage la même compréhension (un mécanisme dit d'« attention partagée »). Après 18 mois apparaissent progressivement la « théorie de l'esprit » et la capacité à inférer sur l'état émotionnel d'autrui.

Cette théorie de l'esprit va à présent être testée chez Jean à l'aide du test des « faux pas ». Jean est observateur de diverses saynètes mettant en jeu des personnages. L'un va commettre une gaffe. Le test commence : « Julie vient d'emménager dans un appartement. Elle est allée faire du shopping et a acheté de nouveaux rideaux pour sa chambre. Alors qu'elle a terminé sa décoration intérieure, sa meilleure amie, Lisa, est passée. Julie lui a fait visiter son chez-soi et lui a demandé : « Comment trouves-tu ma chambre ? » « Ces rideaux sont horribles, assène Lisa, j'espère que tu vas en acheter de nouveaux. »

La neuropsychologue pose une première question à Jean :

« Dans l'histoire, qu'est-ce que Julie vient d'acheter ?

— Des rideaux ! répond Jean. » Bien, il a été attentif.

« Quelqu'un a-t-il dit quelque chose qu'il n'aurait pas dû dire ?

— Oui, Lisa a dit : « J'espère que tu vas en acheter de nouveaux. »

— Pourquoi n'aurait-elle pas dû le dire ?

— Parce que ça fait deux paires de rideaux et qu'elle n'a qu'une fenêtre pour les accrocher !

— Pourquoi pensez-vous qu'elle l'a dit ?

— Parce qu'elle trouve les rideaux moches ! »

Décidément, Jean manque de théorie de l'esprit.

Il pense que tu penses que je pense

Il est temps d'annoncer les conclusions des tests à Jean et Marie. Le médecin hésite un moment. Marie reste suspendue à ses lèvres et fait une inférence de premier ordre : « *Je pense que le docteur réfléchit à la meilleure façon de présenter le diagnostic à Jean.* » La voyant froncer légèrement les sourcils, le médecin se livre, lui, à une inférence de deuxième ordre : « *Je pense que Marie pense que je réfléchis à la meilleure façon de présenter le diagnostic à Jean.* » Plus le niveau d'inférence est élevé, plus il est possible de comprendre des situations sociales complexes dans lesquelles interviennent l'ironie ou la causticité. Par exemple, si Jean cuisine son plat « signature » qui comble les papilles gustatives de Marie, elle dira en le goûtant : « Jean, tu es un excellent cuisinier ! » Si Jean rate sa recette et qu'un rictus de dégoût se dessine sur le visage de Marie, elle pourra prononcer la même phrase sans que Jean, à cause de sa pathologie préfrontale, n'en détecte l'ironie. Ainsi, la compréhension du contexte de l'interaction sociale est probablement l'étape suivante de la construction de nos capacités à nous comporter avec l'autre.

L'équipe de Francis Eustache, Béatrice Desgranges et Mickael Laisney de l'Université de Caen Normandie, en pointe dans l'exploration des tréfonds cérébraux de la théorie de l'esprit, ont élaboré des épreuves testant nos interactions sociales les plus subtiles. Si Jean était allé voir Mickael Laisney plutôt que moi, il aurait visionné des vidéos montrant dans un premier temps des personnages en interactions sociales [5]. Celles-ci devraient susciter des émotions chez les personnages en interaction sociale, où chacun exprime ses émotions de façon plus ou moins visible. Une seconde série de vidéos sur les visages zoome sur ces émotions. Il s'agit pour le participant d'indiquer si l'émotion affichée colle avec les émotions attendues dans la situation vécue par le personnage. La capacité à détecter les incongruences émotionnelles exprimées guide nos interprétations des états mentaux (« Il rit à sa blague mais il est vexé »).

Juste comme Salomon

Plus encore, il existe un lien entre l'empathie et les jugements moraux qui vont guider le bras de la justice ou les « likes » des réseaux sociaux. Le « test de l'empathie à la douleur » de l'équipe argentine d'Agusto Ibanez et Facundo Manes illustre cette connexion. Il repose sur des vidéos montrant un personnage dont on ne voit pas l'expression faciale, qui est soit agressé par un autre (par exemple, frappé à coups de batte de base-ball), soit blessé involontairement par l'action d'autrui [6]. On demande ensuite aux sujets de déterminer l'intentionnalité de l'acte. Des patients comme Jean auront du mal à distinguer les actions vraiment malveillantes. Ils seront aussi moins empathiques envers les victimes d'agression.

Aux niveaux les plus conceptuels, la cognition sociale ouvre vers la neuroéthique. Voyons cela d'un peu plus près. La même équipe argentine s'est aussi fait remarquer par l'étude des patients atteints de démence frontale dans le « dilemme du tramway », un test mis au point par la philosophe anglaise Philippa Foot en 1967 [7]. Mettons que vous soyez le conducteur d'un tramway confronté à un choix possible : les freins ont lâché et vous n'avez comme alternative qu'entraîner le véhicule vers une voie sur laquelle se trouve une personne ou bien sur une autre encombrée par un chantier où travaillent cinq ouvriers. Quelle sera votre décision ?

J'ai proposé à Jean une variante de ce test. « Vous êtes sur un pont au-dessus d'une voie ferrée et à côté de vous se tient une autre personne observant les rails. En face, un train arrive à grande vitesse. Du côté opposé du pont, sur la voie, se trouve une voiture prise au piège avec cinq passagers. Le train va bientôt la percuter et tuer ses occupants. Imaginons que l'on puisse freiner le train en entravant sa course à l'aide d'un obstacle. Par exemple, vous pouvez jeter par-dessus la rambarde la personne à vos côtés qui tombera sur la voie et freinera le train. Vous aurez sauvé cinq personnes en en sacrifiant une. Jean, le faites-vous ? » « Bien sûr ! Si c'est ce qu'il faut faire pour sauver cinq personnes ! » La réponse a fusé en un éclair.

Pourtant, il s'agit bien d'un dilemme moral nécessitant un peu de réflexion. La nature du problème a d'ailleurs été théorisée entre les tenants de l'« utilitarisme » (l'utile prime sur toute autre valeur) visant à admettre que le sacrifice de l'un permet le sauvetage d'un plus grand nombre et ceux du « libertarianisme » (toute action doit être consentie), postulant qu'aucun être humain ne peut s'arroger le droit de prendre la vie d'un autre. Dans l'histoire du pont, il existe une troisième voie consistant à se sacrifier soi-même, portant au nu la croyance en la valeur sacrificielle. Enfin, un ingénieur des ponts et chaussées dirait que le problème est absurde et qu'aucun corps ne pourrait véritablement ralentir un train lancé à grande allure et il échapperait ainsi à ce dilemme moral.

Comme l'a montré en 2016 une étude publiée dans la revue *Science* et menée conjointement par le M.I.T, les universités de l'Oregon et de Toulouse, dans un sondage portant sur les véhicules autonomes confrontés à un dilemme moral, « Les taxis sans conducteur qui circulent dans les rues de San Francisco ou de Phoenix doivent-ils sacrifier le passager pour éviter de tuer dix personnes dans un accident de la route ? », nous sommes 75 % à nous situer dans une vision utilitariste et à accepter la perte du passager [8]. Jean serait-il utilitariste et sa conviction est-elle si forte qu'il n'a pas hésité à répondre ? Ou a-t-il répondu de façon impulsive et irréfléchie ? Il est possible qu'il n'ait pas accédé au dilemme et qu'il ait simplement suivi la suggestion forte qui lui a été faite. Il est dans le « *Je perçois – j'agis* » et pas dans le « *Je perçois – je délibère – j'agis* ». N'oublions pas qu'il est atteint d'une maladie qui détériore progressivement son cortex préfrontal !

Mentaliste ou imitateur ?

Précisément, quel rôle joue le cortex préfrontal dans la construction et l'expression de l'empathie ? Comme celui-ci n'est pas une région homogène, plusieurs zones différentes contribuent aux fonctions centrales de l'empathie et de la cognition sociale. Nous l'avons déjà vu à maintes reprises : d'une façon générale, le cortex préfrontal bloque les réponses impulsives, et permet de différer l'action et d'agir. La partie « froide » autorise/assure le raisonnement qui intervient dans les aspects les plus conceptuels de nos interactions sociales et qui nous conduit à changer de perspectives. C'est la partie *cognitive* de la théorie de l'esprit.

Le cortex préfrontal « chaud », lui, intervient plutôt dans la construction initiale, *affective* de la théorie de l'esprit. Cette région replace donc dans leur contexte émotionnel nos choix (nous l'avons clairement observé dans la construction des valeurs au chapitre 8). Elle reçoit ses informations de zones comme les amygdales (celles du cerveau, pas de la cavité buccale), impliquées dans le décodage et la formation d'émotions primaires (joie, colère, peur, tristesse, dégoût et surprise), et utilise ces données pour décrypter la situation et cerner le ressenti d'autrui.

Une partie de ce cortex préfrontal « chaud » (le cortex préfrontal ventromédian) appartient à un réseau dit de « mentalisation », c'est-à-dire d'attribution d'états mentaux reposant sur nos connaissances des contextes sociaux. Par exemple, si une mère accompagne son fils au lycée le jour des résultats du baccalauréat et qu'elle le voit baisser la tête devant le tableau d'affichage, elle aura compris qu'il n'a pas été reçu et en inférera sa déception (à moins que son fils, anticipant ce théâtre des émotions, n'ait décidé de lui jouer un mauvais tour : la mentalisation, ça marche dans tous les sens).

Enfin, dans le cortex préfrontal à la limite entre les parties chaude et froide, une région répondant au nom barbare de *gyrus frontal inférieur postérieur* appartient à un réseau appelé « système de neurones miroirs »*. Ces zones cérébrales réagissent quand on observe le comportement d'autrui et il semblerait que, sans même exécuter quelque action, nous puissions mobiliser ces neurones pour simuler mentalement des comportements identiques. Ce réseau « en miroir » permettrait, *via* l'imitation mentale, de déduire les états mentaux et les intentions d'autrui. Au contact de la zone qui organise les mouvements du visage, le *gyrus frontal inférieur postérieur* permettrait de simuler les expressions émotionnelles de l'autre et ainsi de comprendre de l'intérieur de « soi-même » l'état mental d'un *alter ego*.

Entre la contextualisation de nos connaissances sémantiques sociales, nos capacités de mentalisation et de simulation, notre cortex préfrontal contribue dans toutes ses dimensions à l'expression pleine de notre théorie de l'esprit, qui nous amène en retour à accepter l'altérité et à former des groupes et communautés. La compréhension des états mentaux ouvre la porte à toutes sortes de commerces matériels et immatériels. Comprendre intimement l'altérité rend talentueux les diplomates, les humoristes ou les vendeurs de tapis.

10

AGIR HARMONIEUSEMENT

Où l'on apprend comment Kasparov joue aux échecs avec son neveu

La page blanche. Qui n'a jamais ressenti, face à l'enjeu de remettre un projet, un manuscrit, une copie d'examen, etc., le stress de la page blanche ? Nous connaissons notre sujet par cœur, notre raisonnement est huilé et pourtant, devant l'assaut des émotions, nos capacités intellectuelles sont sidérées. Comment est-ce possible ? Par quels mécanismes notre cerveau « chaud » des émotions entraîne-t-il le déraillement de son pendant « froid » raisonneur ?

Ce « bug » de notre cerveau révèle la manière dont notre organe s'y prend pour que nous agissions de façon cohérente. Nos cortex préfrontaux « chaud » et « froid » communiquent en permanence pour que nous adaptions nos comportements à nos besoins ou aux contraintes de l'environnement. Ce dialogue s'effectue sans que nous en ayons pleinement conscience. Prenons l'exemple d'un joueur d'échecs professionnel plongé dans deux situations : participer à une compétition internationale ou enseigner à un neveu les rudiments du jeu. Jouer aux échecs nécessite de raisonner et de planifier ses coups et fait donc appel au travail du cortex préfrontal « froid ». En revanche, adapter son jeu au contexte stimule le cortex préfrontal « chaud ».

Dans le cas d'une compétition internationale, il faudra jouer à son plus haut niveau pour espérer gagner, tandis que, contre un novice, on jouera « en dessous », on retiendra ses coups (comme à la boxe) tout en faisant preuve de pédagogie, avec, à la clé, le plaisir d'avoir transmis sa passion (et son savoir-faire !) à un jeune disciple. Le niveau de jeu dépend de l'objectif, hautement affectif, que le joueur s'est fixé. C'est la traduction de l'enjeu en récompense qui pilote l'intensité de l'activation intellectuelle et non l'inverse.

J'insiste : nos actions ne s'enracinent pas dans notre capacité cognitive, mais dans notre motivation. L'intellect est un outil au service d'un cortex affectif plus primitif ! Le cortex préfrontal « froid », intellectuel et moderne (car d'apparition plus récente dans l'évolution des espèces, nous le verrons plus loin), est asservi au cortex préfrontal « chaud » (plus ancien et archaïque), régulateur de notre motivation et de nos émotions, et véritable commanditaire de nos actions.

Toutefois, l'un ne peut fonctionner sans l'autre et réciproquement. En effet, imaginons un humanoïde sans cortex préfrontal « froid ». Il chercherait à résoudre un problème complexe basé sur l'analogie, la déduction, la concentration, la créativité et la planification. Privé de sa substance cognitive, il en serait bien incapable ! Ce serait un être velléitaire mais inconséquent. Inversement, considérons une autre espèce d'humanoïdes dénués de cortex préfrontal « chaud ». Ces créatures pourraient planifier toutes sortes d'usines à gaz et nous battraient à plate couture aux échecs. Mais à quel endroit de la ligne « récompense/punition » mettraient-elles le curseur ? Certaines d'entre elles n'auraient pas la motivation d'initier le moindre comportement et d'autres joueraient avec le même niveau d'intensité une compétition internationale et la partie avec leur neveu débutant. Tous seraient des êtres froids, des sociopathes et le novice n'aurait aucune chance d'apprendre à jouer aux échecs. Agir harmonieusement est un autre des pouvoirs de notre cerveau, le résultat d'un équilibre délicat entre deux pôles attracteurs. Pour ne pas dissocier notre raison de nos émotions et *vice-versa*, nos deux cortex préfrontaux, « chaud » et « froid », doivent collaborer.

Quand l'enjeu est un jeu

Grâce à quels mécanismes cérébraux plaçons-nous le rhéostat de la motivation au bon niveau pour ajuster notre activité intellectuelle à l'enjeu ? Dans notre équipe, un doctorant, Jean-Baptiste Pochon, fit il y a quelques années une expérience remarquable et remarquée [1]. Elle reposait sur trois hypothèses de travail. 1/ le cortex préfrontal « froid » planifie et, plus la tâche est difficile, plus les neurones de cette région s'affairent. 2/ le cortex préfrontal « chaud » motive et, plus l'enjeu est important plus cette zone s'active. Et 3/ pour moduler la performance dans cette tâche de planification, il est possible de jouer sur l'enjeu. Plus celui-ci sera élevé, plus la personne sera ambitieuse et plus elle stimulera son cortex préfrontal « froid ». Dans ce scénario, notre moi émotif accorde l'activité de notre moi rationnel selon la récompense promise. Cette vision est peut-être naïve ou simpliste, mais elle est testable.

Comment ? En soumettant un groupe de participants à des tâches de planification, de complexité variable d'un essai à l'autre, celles-ci étant réalisées dans une IRM capable de mesurer les variations d'activation du cerveau (c'est ce que l'on appelle l'IRM fonctionnelle). Le volontaire est allongé dans la machine et sur l'écran au-dessus de lui, l'épreuve apparaît. Il contrôle sa réponse à l'aide d'un boîtier. Ajoutons un ingrédient supplémentaire à cette recette. Juste avant de lancer un essai s'affiche à l'écran une information capitale : la récompense en jeu. Trois possibilités s'offrent aux participants. Dans certains essais, ils pourront recevoir une belle somme, proportionnelle à la réussite. Dans d'autres, ils n'obtiendront qu'un petit gain (lui aussi fonction de la performance). Enfin, dans le troisième cas, ils travailleront seulement pour la gloire, sans espoir de gratification.

Vous l'ignorez peut-être, mais les volontaires sains participant aux recherches biomédicales ne se déplacent que très rarement pour le seul bénéfice de la science et presque tous reçoivent une compensation financière forfaitaire (dans un protocole donné, tous perçoivent la même somme pour leur effort). Dans le cas présent, une compensation identique pour tous posait un problème, car l'idée de l'expérience reposait précisément sur la variation du gain en fonction de la performance. Nous avons alors demandé au comité d'éthique si nous pouvions faire varier la somme avec laquelle chaque participant repartirait en fonction de ses efforts. La réponse fut un « en même temps ». Non, il fallait que tous reçoivent la même compensation et oui, nous devions garder l'idée de faire varier la récompense en fonction de la performance. Mais comment ?

Il fut décidé de compenser chacun de la même façon *in fine* mais, afin de garder l'enjeu motivant, de ne pas prévenir les participants à l'avance de l'existence de ce forfait indépendant de la performance. Cet obstacle levé, il reste que la représentation d'une récompense donnée n'a pas la même valeur pour tous, certains pouvant la trouver à leur goût et d'autres non.

Sa magnitude est aussi relative : se motive-t-on de la même façon pour 100 euros quand on est un magnat du numérique ou un étudiant fauché vivant sous les toits ? Il fallait donc aussi trouver une population homogène intéressée par notre incitation financière. Nous avons opté pour de jeunes étudiants non rémunérés pendant leurs études.

Confiants dans notre protocole de recherche et dans la validation de notre hypothèse de travail, nous attendions sereinement les résultats de nos analyses. Après des mois d'acquisitions et d'analyse des données, les premières conclusions nous sont présentées par J.-B. Pochon. Comme espéré, plus la tâche de planification est difficile, plus les activations sont élevées dans la partie « froide » du cortex préfrontal. Tout va bien et même de mieux en mieux : plus la récompense est importante, plus le cortex préfrontal « froid » est actif. Ses neurones planificateurs semblent donc effectivement modulés par l'impact de l'enjeu. L'équipe se réjouit en silence et commence à construire mentalement le scénario de l'histoire que nous allons dévoiler, et… patatras ! Aucun signe de la suractivation des neurones dans la zone basse, « chaude », du cortex préfrontal quand on augmente la récompense en jeu, alors qu'ils sont censés transmettre cette valeur au cortex préfrontal « froid ». Bizarre…

L'affaire s'aggrave. La surenchère de récompense n'a aucune répercussion positive sur le niveau de performance – ce qui, au passage, a réjoui un journaliste de *l'Humanité* car, à ses yeux, nous avions un argument scientifique indiquant que l'incitation financière ne motive pas à travailler plus. Pire encore, et de façon contre-intuitive, en étudiant précisément les courbes de variation du signal au fil d'un essai, nous avons observé qu'avec une prime plus élevée, le signal baissait dans la zone du cortex préfrontal « chaud » censé motiver le comportement ! L'inverse de notre hypothèse pourtant fondée sur un corpus solide de connaissances « établies ».

Autour de la table, chacun percevait dans le regard des autres l'effondrement de notre glorieux scénario. Tous les scientifiques savent que cette déception à l'arrivée de résultats n'est pas toujours une mauvaise chose car, finalement, valider une hypothèse, ce n'est qu'ouvrir un peu plus une porte déjà entrebâillée. Nous devions être patients et creuser plus encore ce jeu de données, qui peut-être dévoilerait un mécanisme inédit. Comment expliquer que l'activité du cortex préfrontal « froid » aille de pair avec l'espérance de gains, pendant que celle du « chaud » diminue dans le même temps, soit en apparence tout l'inverse de ce que l'on connaît ?

Alors, peureux ?

Non, ne jetez pas le livre ! Attendez un peu. Reprenons les principaux résultats et interprétons-les différemment en faisant au préalable un bref détour. Vous avez probablement déjà déclaré votre flamme à la personne bien-aimée, appris par cœur un discours pour le mariage de votre meilleur(e) ami(e), préparé un grand oral devant un jury de master ou de thèse, voire aligné vos chiffres et vos arguments avant un rendez-vous chez votre banquier de façon à obtenir ce prêt immobilier tant attendu. Chez vous, les répétitions se passaient pour le mieux, vous vous sentiez à l'aise aussi bien en grimaçant devant votre glace qu'en récitant votre laïus dans la position du poirier. Le grand jour arrive et le trac tourmente vos intestins. L'enjeu est de taille ! Devant vous, en chair et en os, l'être qui occupe vos pensées nocturnes, ou bien le frère de la mariée qui vous fixe d'un regard qui dit « Toi, tu vas te planter », ou le Pr Duchaussois qui vous scrute du haut de son magistère ou encore M. Billette qui parcourt, narquois, vos dépenses bancaires. Tous se tournent vers vous pour un « Et maintenant ? ».

Une sueur froide descend de votre échine. Les mots peinent à surgir. Pourquoi votre langue vous a-t-elle trahi au point que vous avez proféré un désastreux « Je suis *peureux* » au lieu de « *heureux* » ? Pourquoi à ce moment crucial ? La clé de l'interprétation des résultats du doctorant est dans ce « *peureux* » : nous ne sommes pas toujours l'animal que nous rêvons d'être, capable de doser avec précision la quantité de stress stimulante mais pas sidérante. Mais quand nous y parvenons, un équilibre subtil se crée entre les cortex préfrontaux « chaud » et « froid » et le rhéostat se fige à la bonne température. C'est ce qui se passe chez les jeunes participants à notre test, qui ne se laissent pas paralyser par l'enjeu et atteignent le plus haut niveau possible de performances.

L'enjeu est potentiellement paralysant, alors pour éviter qu'il n'interfère avec la tâche cognitive complexe, il est « oublié » durant la réalisation de celle-ci. La désactivation du cortex préfrontal « chaud » lors du test pourrait représenter cet « oubli ». Ainsi, sa baisse d'activation aurait pour fonction de diminuer l'interférence produite par le stress sur la performance. Libéré de l'effet négatif lié à l'enjeu, le fonctionnement du cortex préfrontal « froid » se renforce pour effectuer la tâche la plus complexe et… permettre aux participants de maximiser leurs résultats. En bloquant le stress, l'individu bénéficie de la récompense qui a un effet positif sur la performance de la tâche cognitive.

Une information complémentaire est en outre à prendre en compte : au début de l'essai, lorsque le participant reçoit l'information sur la promesse de gain et à la fin quand il l'empoche, dans le cortex préfrontal « chaud », cette fois nous observons une augmentation de l'activation, proportionnelle à la récompense. Nous « retombons alors sur nos pattes ». Ce qui paraissait contre-intuitif en apparence est au contraire en adéquation profonde avec l'idée que le cortex préfrontal « chaud » relativise la valeur donnée aux choses : à un moment favorable pour le comportement, comme l'instant où l'on apprend le montant de la récompense à gagner, l'enjeu est codé positivement. Lorsqu'il faut travailler intellectuellement et ne pas être sidéré par le stress ou des pensées interférentes, il est codé négativement.

En d'autres termes, plus on se libère de la marche à monter (tout en la gardant en tête avant de se lancer), plus on est intellectuellement performant. Imaginez les perspectives d'application de cette idée dans l'organisation du travail, la préparation sportive de haut niveau ou tout simplement dans la vie courante. L'une des premières considérations à prendre en compte ne serait-elle pas de mettre en place des stratégies d'oubli de l'enjeu, une fois lancé dans la réalisation d'une tâche… et de réactiver sa trace à certains moments clés pour se « re-motiver » ?

Le trac et patatrac !

Par la suite, nous avons conforté notre interprétation à l'aide de personnes présentant une anxiété sévère de type « performance* ». Cette forme, ce *trac*, est un trouble potentiellement très handicapant, qui empêche par exemple de s'exprimer en public, pour acheter une simple baguette de pain. Chez ces personnes, l'enjeu produit un stress si envahissant qu'il perturbe leurs capacités cognitives. Nous devrions donc surprendre chez elles des activations cérébrales en miroir inversé de celles obtenues chez nos premiers sujets capables d'oublier l'enjeu.

Chez les sujets atteints d'une anxiété pathologique de performance, l'hypothèse était donc que le cortex préfrontal « chaud » ne réussirait plus à contextualiser l'enjeu dans le temps. Au moment de la réalisation de la tâche cognitive, l'organe enverrait un signal de rappel de l'enjeu au lieu de tenter de l'effacer. Ainsi, plutôt qu'être proportionnellement désactivé par la récompense, il deviendrait au contraire hyperactif. Et en effet, c'est bien ce que nous avons observé [2].

Qu'en est-il de la performance cognitive et de l'activation du cortex préfrontal « froid » ? Nos anxieux ont réussi à assurer la tâche cognitive mais, par comparaison avec les participants calmes, l'activité du cortex préfrontal « froid » était très fortement augmentée. En d'autres termes, pour atteindre le même niveau de performance que chez des personnes non anxieuses, l'énergie dépensée plaçait leur cortex préfrontal en « surchauffe ». L'effet interférent de l'enjeu sur le cortex préfrontal « froid » obligeait celui-ci à mettre les « bouchées doubles » pour prétendre au même résultat que les personnes « contrôles ».

Ainsi, à travers une série d'expériences de neurosciences cognitives, il a été possible de montrer l'interaction entre ces deux zones du cerveau et comment le contrôle de la motivation et de notre stress module nos capacités cognitives de raisonnement, de stratégie et de planification. Notre intelligence est inconstante et varie en fonction du contexte de l'enjeu et de nos émotions. De plus, nous ne sommes pas tous égaux en matière de capacité de régulation du stress et de son impact sur nos compétences intellectuelles. N'est-il pas injuste pour l'un de dire « *peureux* » à la place d'« *heureux* » et pour l'autre, tel cet animal politique carnassier, de conserver un sang-froid inébranlable sous un déluge de questions embarrassantes lors d'une interview télévisée ? Dans le premier cas de figure, l'interaction entre les régions « chaude » et « froide » n'a pas fonctionné comme nous l'aurions escompté. Dans le second, le dialogue entre les deux zones du cortex préfrontal chez le candidat a parfaitement joué son rôle.

11

ÊTRE CRÉATIF

Où l'on apprend que les vagabonds et les contrôleurs de gestion dirigent notre imagination

Il y a peu, j'ai découvert un album de *world music* né de l'association de deux musiciens : le percussionniste turc Okay Temiz et le clarinettiste et saxophoniste français Sylvain Kassap. L'un apportait des musiques d'orient (de Turquie et d'Inde, particulièrement) et l'autre les colorait d'accents de jazz. De ces horizons pourtant éloignés jaillissait une musique originale et singulière, néanmoins harmonieuse à mes oreilles. La fusion des deux univers musicaux avait été féconde. Une jolie métaphore de la source de l'inépuisable créativité de l'Homme, qui a produit des œuvres aussi variés que les tableaux surréalistes de Dali et l'architecture torturée du musée Guggenheim de Bilbao. Mais qu'a de si spécial notre cerveau pour savoir se montrer créatif ? Réponse : lui aussi sait croiser les univers distants.

D'abord, entendons-nous : que veut dire en neurosciences « être créatif » ? Pour nous, spécialistes du cerveau, il s'agit de la faculté à produire un travail original et de valeur [1]. Par « original », il faut comprendre inhabituel ou novateur ; par « valeur », utile ou adapté. La créativité permet en somme de résoudre des problèmes qui ne se sont jamais exactement posés de cette façon jusqu'à présent. Elle n'est pas utile dans des circonstances stables, invariables, déjà rencontrées maintes fois et dans lesquelles il suffit d'activer des schémas de pensée éprouvés. Ainsi, le cerveau créatif n'est pas celui des automatismes et du « *Je perçois – j'agis* ». Il appartient par essence au royaume préfrontal. La pensée créative n'est pas non plus l'acabit des artistes et ne doit pas être confondue avec le talent. Elle est à l'œuvre en chacun de nous, de l'ouvrier en bâtiment à l'architecte, de l'aide-soignante au neurochirurgien.

Le destin tragique du talent artistique

La créativité et sa relation avec le fonctionnement du cerveau sont-elles accessibles à la démonstration scientifique ? N'est-ce pas un domaine teinté de subjectivité, réservé au monde des artistes ? Le talent artistique ne répond pas à la définition neuroscientifique de la créativité. Nul besoin de résoudre un problème pour être jugé talentueux. La qualité artistique est d'ordre subjective, variable selon les sociétés et les époques. Du point de vue du neuroscientifique, il est même possible de considérer qu'un artiste reconnu, doté d'un talent jugé immense, est peu créatif. En effet, si l'on reconnaît au premier coup d'œil le peintre derrière la toile ou la patte d'un guitariste dès les premières mesures, c'est que l'artiste n'a pas tellement renouvelé son style. Il était certainement créatif dans ses premières œuvres, mais l'est-il encore à la énième si on l'identifie aussi aisément ?

Comprenons-nous, il n'est pas question d'atténuer par ces propos la valeur d'un artiste et son talent, mais simplement d'insister sur l'idée que la créativité est un processus apparaissant à un instant donné pour résoudre un problème adaptatif de façon inédite, et qu'il diffère de la notion subjective de « talent artistique ».

En voici une preuve, piochée dans mon univers. Des patients, diagnostiqués d'une dégénérescence du cortex préfrontal, se sont soudain mis à produire des dessins de façon concomitante à leur trouble. Ils ont développé une fibre artistique qui leur était alors inconnue et qui a attiré l'attention des proches et des médecins. Par exemple, tel malade, déjà peintre amateur avant son affection mais au style académique, peignait le même paysage de mois en mois en modifiant progressivement son style : les couleurs devinrent primaires, les perspectives non respectées et les motifs plus répétitifs. Le voilà à présent s'activant sur des tableaux naïfs nettement plus originaux que ses créations ampoulées d'avant sa maladie. Ainsi, une pathologie dégénérative, à l'origine d'un déclin cognitif inéluctable, peut faire gagner un peu de talent artistique ?

Il n'est pas rare de voir des artistes atteints de troubles mentaux produire de grandes œuvres, tel Vincent Van Gogh, affecté par une maladie bipolaire et qui créa une quantité remarquable de chefs-d'œuvre aux derniers moments de sa vie, Guy de Maupassant, atteint d'une neurosyphilis altérant son comportement pendant plus d'une décennie avant sa mort, ou Guillaume Apollinaire, blessé en 1916 dans les tranchées par un éclat d'obus dans le lobe temporal droit, dont le comportement fut manifestement et durablement modifié par ce traumatisme cérébral et qui écrivit ensuite *Calligrammes*, ce singulier recueil de poésie fait d'idéogrammes. Il est même assez convenu que le talent artistique est un compagnon de la folie ou d'une vie chaotique ou dissolue, dont semble encore témoigner l'aura accompagnant les poètes maudits contemporains, de Jim Morrison à Jimmy Hendrix, en passant par Janis Joplin, Kurt Cobain ou Amy Winehouse.

Le talent artistique n'est pas toujours créatif

Pour autant, la pathologie mentale est-elle un marqueur de créativité ? Focalisons-nous sur les patients présentant une pathologie du cortex préfrontal pour tenter de répondre à cette question. Pamela, âgée de 83 ans, présente une démence frontale. Progressivement, elle s'est désintéressée de presque tout, se précipite sur n'importe quel aliment à portée de main et a développé diverses routines, comme la consommation d'une banane à heure fixe ou la vérification compulsive de son sac à main. Durant la même période, elle a commencé à dessiner quotidiennement alors qu'elle n'avait jamais montré d'intérêt particulier pour l'art jusqu'ici.

Vingt de ses dessins ont été sélectionnés et montrés à des professeurs d'arts plastiques et des artistes professionnels afin d'en évaluer les qualités créatives. Les experts se sont servis d'un questionnaire standardisé de mesure de la créativité reposant sur de multiples critères dont « l'esthétique » (*Dans quelle mesure le tableau est-il beau* ?), « l'abstraction » (*Quel est le degré d'abstraction du tableau ?*), « l'évocation » (*Dans quelle mesure la peinture induit-elle des sentiments ou des pensées ?*), la « nouveauté » (*Dans quelle mesure est-elle originale ou nouvelle* ?) ou la « technique » (*Dans quelle mesure le peintre fait-il preuve d'habileté ?*) [2].

La note moyenne obtenue par les dessins de la patiente fut de 6,6/10, avec des écarts importants allant de 3,2 pour un juré à 9,6 pour un autre ! Le détail des notes montrait une évolution au fil de la maladie : plus l'état de la patiente se dégradait (elle devenait apathique et son comportement général s'appauvrissait), et plus ses productions séduisaient les évaluateurs, comme si elle se muait en une artiste talentueuse. L'analyse fine des dessins racontait toutefois une autre histoire. Au fil de l'aggravation de la maladie, on notait des motifs stéréotypés et répétitifs, un appauvrissement chromatique *via* le recours systématique à des couleurs primaires, une perte de la profondeur spatiale et des erreurs manifestes de perspective. Ce qui était jugé créatif pour l'artiste pouvait, du point de vue du médecin, témoigner d'un rétrécissement de l'imagination et des compétences cognitives.

Il existe des épreuves issues de la psychologie expérimentale qui apprécient la créativité dans son acception scientifique. Elles suivent une méthode rigoureuse, standardisée et quantifiable. L'une des plus célèbres est le test de pensée créative de Torrance (« Torrance Test of Creative Thinking » ou TTCT), qui se décline dans trente-cinq langues. Les participants y sont soumis à des exercices dans deux domaines différents : le dessin et le langage. Par exemple, dans le premier, on présente au participant deux lignes verticales et parallèles, répétées six fois. Puis il lui est demandé de compléter chaque paire de lignes d'un dessin différent, le plus détaillé et le plus original possible.

La production créative est jugée sur des critères tels que la flexibilité (le nombre de catégories différentes), la fluidité, c'est-à-dire la pertinence de la production, ou son originalité (le nombre de réponses inhabituelles ou rares). Selon plusieurs études scientifiques, les patients atteints de lésions du cortex préfrontal voient leurs performances s'effondrer au TTCT, en dessin comme en langage, et ce pour tous les critères analysés. De plus, l'imagerie médicale chez ces patients montre une corrélation entre le niveau d'exécution et l'atteinte de certaines zones du cortex préfrontal : plus ces régions sont endommagées, plus les performances chutent. En d'autres termes, la créativité définie scientifiquement est dissociable du talent artistique. La première peut s'affaisser quand le second est encore susceptible de charmer des juges.

« Petri » d'idées nouvelles

La créativité repose sur le cortex préfrontal tandis que le talent artistique, pas obligatoirement. Résoudre un problème inédit de façon originale et adaptée est un processus délibéré. Le caractère volontaire et conscient paraît ainsi inhérent à la créativité, selon sa définition scientifique. En revanche, le talent artistique ne relève pas nécessairement d'une activité contrôlée. La production artistique peut jaillir comme un automatisme ou une fulgurance et ne pas correspondre à un processus d'introspection ou une « conscientisation » avérée. À la lecture des chapitres précédents, il n'apparaît guère étonnant que le cortex préfrontal réside au centre de notre pensée créative. En effet, s'il s'agit d'une activité en partie délibérée, elle s'insère dans ce que j'ai nommé l'espace intermédiaire de délibération, entre les deux instants « *Je perçois – j'agis* ». Ingrédient de notre pensée consciente, elle figure parmi les mécanismes nous conférant une marge de liberté par rapport aux contraintes que nous subissons. Être créatif, c'est ouvrir le champ des possibles. Mais comment notre cortex préfrontal nous rend-il créatif ?

Le 3 septembre 1928, de retour de vacances, le Dr Alexander Fleming retrouve dans un drôle d'état les boîtes de Petri dans lesquelles il cultive un staphylocoque (une bactérie) dans le but de trouver un traitement antibactérien. Celles-ci sont envahies par des colonies de *Penicillium notatum*, des champignons microscopiques. Ils proviennent d'une contamination accidentelle par une autre expérience sur la même paillasse. Alors que le médecin s'apprête à désinfecter ses boîtes souillées, il s'aperçoit qu'autour des colonies de champignons, un halo se dessine : les staphylocoques n'y sont pas développés. La moisissure a dû sécréter une substance inhibant la croissance de la colonie de staphylocoques : voilà un traitement antibactérien efficace ! Ainsi est née la pénicilline.

Cette découverte majeure est-elle le fruit du hasard ? Pas totalement. Fleming tentait de résoudre un problème, la recherche d'un traitement contre le staphylocoque. N'est-ce déjà pas le début de la définition de la créativité en neurosciences ? En outre, il savait quoi chercher (il s'attendait à observer une zone de non-prolifération des bactéries). Son esprit était en alerte et en mesure de capter une information capitale. Faisons l'hypothèse que, lorsqu'il est arrivé au laboratoire de l'hôpital Saint-Mary de Londres ce matin de septembre, le problème l'habitait. Cette obsession ne pourrait-elle pas créer un état permanent d'activation ou de « pré-activation » de zones cérébrales impliquées dans la recherche de solution ? Si Fleming avait déjà obtenu un résultat positif avant son départ en vacances, le halo présent aurait possiblement échappé à son œil avisé.

D'autres *eurêka !* historiques obéissent à ce même principe, telle la découverte de la radioactivité par le Français Henri Becquerel, troisième représentant d'une d'impressionnante dynastie de physiciens, tous éminents académiciens. En ce début d'année 1896, il menait des recherches sur la luminescence des sels d'uranium – sans doute choisis parce qu'ils avaient été étudiés par son père jadis – en les déposant au soleil sur une plaque photographique entourée de carton noir. Il développa les plaques et constata qu'elles étaient impressionnées. C'était l'effet attendu, et Becquerel de conclure : « la substance phosphorescente en question émet des radiations qui traversent le papier opaque à la lumière et réduisent les sels d'argent ».

Le 26 février, il tenta de reproduire l'expérience. Or ce jour, un ciel nuageux risquait de la compromettre, de sorte que Becquerel décida de ranger sa préparation afin de l'exposer ultérieurement aux rayons du soleil. Les nuages refusant de disparaître, il décida néanmoins, le 1er mars, de développer la plaque photographique, par acquit de conscience : contre toute attente, celle-ci était fortement impressionnée. Les sels d'uranium émettaient spontanément un rayonnement, sans avoir été préalablement excités !

Je fume du lait

Les modalités des découvertes scientifiques de Fleming ou Becquerel suggèrent trois règles possibles de la créativité. La première : la créativité est un processus intentionnel. La deuxième : pour s'épanouir, la créativité nécessite de fuir les associations mentales automatiques ou préétablies. La troisième découle de la précédente : l'esprit le plus créatif ne relie-t-il pas des idées qui ne sont pas directement, facilement ou naturellement associées les unes aux autres ? Aucune idée nouvelle ne « tombe du ciel », n'apparaît *de novo*. Tout est présent. Seules de nouvelles combinaisons font émerger le concept inédit, original.

Pour nous en convaincre, complétons des phrases telles que « Le chat boit du… », « Je fume une… ». Les mots « lait » et « cigarette » fusent. Ce sont des associations préétablies qui s'activent spontanément dans notre esprit. À présent, essayons de trouver des mots qui s'éloignent au maximum de ces évidences, mais qui laissent néanmoins la phrase intelligible (comme « Je fume une tranche de saumon »). Pour aboutir à ce résultat, qu'avons-nous fait ? Nous avons balayé nos champs de connaissances et testé des solutions pertinentes. N'est-ce pas ainsi que procèdent les musiciens, les chercheurs, les architectes ou les poètes, quand ils mélangent des influences variées pour produire du neuf, en réalité des combinaisons inédites de styles préexistants ?

Comment tester expérimentalement cette aptitude à forger des idées originales ? C'est possible en combinant certains tests cognitifs avec la neuro-imagerie. Par exemple, la tâche dite des « usages alternatifs » met à l'épreuve la pensée divergente (produire plusieurs solutions pour résoudre un problème). Elle poussera le participant à trouver tout ce que l'on peut faire avec différents objets, excepté ce pour quoi ils sont habituellement utilisés. Il devra notamment se creuser les méninges pour imaginer d'autres usages à un stylo (en faire une paille, une épingle à cheveux, une sarbacane…). Pour y parvenir, il lui faudra écarter l'association la plus fréquente reposant sur un lien sémantique de « proximité » et activer ou créer des connexions entre le stylo et une connaissance plus « distante ». C'est le fondement de l'hypothèse DDRAM (pour *Distance-Dependant Representation Activation*

Mode), proposée par Emmanuelle Volle, spécialiste internationale des neurosciences de la créativité au FRONT-lab, à l'Institut du Cerveau implanté dans l'hôpital de la Salpêtrière, à Paris [3].

Le ciel, la chanson et la liberté font l'oiseau

L'hypothèse DDRAM ? Une petite explication s'impose. Empruntons de nouveau la métaphore du réseau du métro. Comme nous l'avons vu, nos connaissances sémantiques sont interconnectées les unes aux autres dans cette immense toile. Certaines stations jalonnent la même ligne, à une faible distance (« chat-lait », « cigarette-fumer »). Inversement, certaines se trouvent à l'extrême opposé, elles nécessitent de nombreux changements ou ne sont simplement pas encore interconnectées. L'hypothèse DDRAM imagine que, face à un problème inédit à résoudre, les associations automatiques reliant des points proches seront désactivées, tandis que la pensée créative tentera de connecter des points distants les uns des autres pour trouver une solution nouvelle.

Pour tester cette hypothèse, nous disposons de dictionnaires sémantiques fournissant, pour un grand nombre de mots, la fréquence de liaison entre un mot « cible » et d'autres mots. Comment ces dictionnaires ont-ils été construits ? Il a été demandé à des milliers d'individus de proposer des associations spontanées entre un mot cible (par exemple, « lait ») et ceux qui venaient à l'esprit (« chat », « bouteille », « bébé » ...). Certains revenaient systématiquement et en premier, d'autres fréquemment, d'autres enfin un peu moins et pour une poignée de termes, de façon rare et surprenante. Ainsi, pour chaque mot testé, il est possible d'évaluer sa fréquence, ce qui est traduit en distance sémantique. Plus un mot revient souvent, plus la distance sémantique est faible et moins l'association est originale. Inversement, plus le mot apparaît tardivement ou très rarement, plus la distance sémantique est importante et plus l'idée est neuve.

Ce concept se matérialise par des réseaux cérébraux sur lesquels se fonde notre capacité à créer de nouvelles associations. Pour cela, il faut tout d'abord construire des tâches reposant sur la notion de distance sémantique. Dans le test des « associés distants » – un autre moyen de jauger l'inclination à l'originalité –, trois mots sont présentés au sujet de l'expérience, de façon à l'amener par déduction à trouver un mot « cible ». Ainsi, « ciel », « libre » et « chanson » le feront naviguer dans ses réseaux de connaissances « sémantiques » pour trouver le mot commun à chacun des trois (« oiseau »). Cet exemple utilise des distances sémantiques importantes par rapport à un cas plus évident comme « route » + « volant » + « conduite » = « voiture ».

En comparant les essais difficiles aux faciles, il est possible de révéler les zones critiques intervenant dans la capacité à s'éloigner des associations automatiques pour activer/créer des liens plus originaux. La structure cérébrale qui est impliquée se situe dans le cortex préfrontal. Comme nous le découvrirons un peu plus tard, cette zone se trouve dans la partie la plus en amont, à l'extrémité du cerveau, que l'on appelle le « pôle frontal* ». Or, cette zone du cortex préfrontal n'existe que chez l'humain. Aucune homologie n'a été observée avec les autres mammifères, y compris chez les grands singes comme le chimpanzé. Créer des liens sémantiques distants, l'un des piliers de la créativité, pourrait-elle être une capacité exclusivement propre à *Sapiens* ?

Le vagabond en nous

Des recherches ont poussé encore plus loin les travaux de l'équipe d'Emmanuelle Volle (l'auteur de l'hypothèse DDRAM). Éclairant le cheminement mental d'un Fleming, elles ont mis au jour deux réseaux cérébraux qui s'activent de concert lorsque nous générons des associations distantes. Le premier réseau est celui du « mode par défaut », un ensemble de structures cérébrales qui s'allument quand nous sommes « au repos », le cerveau n'étant pas accaparé par une tâche intellectuelle. En réalité, nous ne pensons jamais à rien et ce réseau entre en action, notamment lors de nos « rêveries éveillées ».

Quel est le rapport avec la créativité ? Rappelez-vous des moments pendant lesquels vous êtes sur le point de vous endormir. Votre esprit vagabonde d'une idée à une autre. Si, soudainement, un bruit inattendu vient interrompre ce doux voyage et vous rend vigile, vous vous demanderez peut-être comment vos pensées vous ont conduit en quelques minutes de la visualisation de votre programme du lendemain au souvenir de ce sanglier que vous avez failli percuter par une froide nuit de novembre, il y a dix ans. Le réseau du mode par défaut vous a embarqué, de station en station, de nœuds sémantiques de plus en plus distants vers une nouvelle idée. Mais cette action est bien involontaire. Il manque quelque chose pour être créatif : que ce vagabondage ait un but. Qu'il permette de résoudre un problème.

C'est alors qu'intervient un second réseau, celui du contrôle exécutif fronto-pariétal. Comme son nom l'indique, il « contrôle », c'est-à-dire qu'il est intentionnel et est « frontal ». Il implique préférentiellement le cortex préfrontal « froid » (mais aussi certaines parties du lobe pariétal, d'où son nom). Quel rôle joue-t-il ? Si nous devons être attentifs, planifier, raisonner ou résoudre un problème, c'est ce circuit qui se mettra en branle. Ainsi, dans une situation qui nécessite d'être créatif pour formuler une solution inédite, originale, deux grands réseaux cérébraux sont mis en jeu ensemble. L'un, le contrôle exécutif fronto-pariétal, nous place dans une configuration de résolution de problèmes ; l'autre, le mode par défaut, engendre une pensée évoluant par associations libres, sans contraintes.

À des moments clés, ces deux systèmes se mettent en cohérence et autorisent l'émergence d'une pensée associative innovante. À l'Institut du cerveau, nous testons l'idée que ce moment ultime de convergence entre ces deux réseaux pourrait entraîner une restructuration du réseau sémantique conduisant à l'état subjectif de l'*eurêka*. Ce moment d'épiphanie intellectuelle se caractérise par sa soudaineté et par l'incapacité qu'ont les personnes à relater le cheminement intellectuel les y ayant conduites. Dans notre équipe, en faisant résoudre à des sujets de petits problèmes, nous avons pu comparer ceux pour lesquels l'*eurêka* s'est produit et ceux pour lesquels il n'est pas arrivé. Nous avons combiné cette expérience subjective à l'enregistrement de l'activité électrique dans le cerveau, réalisée à l'aide d'un casque à la paroi interne constellée d'électrodes (méthode de l'« électroencéphalographie à haute résolution »), et avons observé des différences d'ondulation électrique dans les cortex temporaux et préfrontaux. Encore le cortex préfrontal !

D'innombrables questions restent en suspens, car cette recherche portant sur les bases cérébrales de la créativité n'en est qu'à ses balbutiements. Elle nous apprend déjà, et cela est une véritable découverte, que la créativité surgit dans un « entre-deux » où se mêlent d'une part ce qui échappe totalement à notre volonté et nous permet d'associer librement nos pensées, et d'autre part la volonté consciente de trouver des solutions à nos problèmes en sortant des idées préétablies. Sans créativité, point de liberté : c'est l'espace d'imagination qui nous éloigne des associations rigides et de la prison mentale de la pensée préformatée.

12

COMMUNIQUER

Où l'on apprend que si les singes parlaient, ils ne seraient pas des hommes

Nous sommes le 18 avril 1861. Les hauts chapeaux se pressent et s'installent. Pierre Paul Broca va présenter devant la Société d'anthropologie de Paris, dont il est l'un des plus imminents cofondateurs, le cas du patient Leborgne. Broca est professeur de médecine, l'un des pères de l'anthropologie moderne (il fut le premier à avoir étudié l'homme de Cro-Magnon) et il s'intéresse à l'anatomie comparée des primates. Mais c'est un humain qui fait l'objet de son allocution, un certain M. Leborgne, hospitalisé pendant vingt et un ans en psychiatrie à l'hôpital Bicêtre, où il avait été admis à la suite d'un trouble de la parole apparu subitement.

Leborgne ne prononçait plus que la syllabe *Tan*, si bien que le personnel de l'hôpital l'avait appelé M. *Tan* ou *Tan Tan* car cette syllabe était souvent doublée. Il parvenait toutefois à se faire comprendre en changeant par exemple l'intonation. Sa compréhension du langage parlé ainsi que le reste de ses capacités cognitives paraissaient conservés et il s'était relativement bien adapté à son long séjour hospitalier.

M. *Tan* avait fini par décéder des suites d'une gangrène de la jambe droite. Broca a réalisé une autopsie de son cerveau et en relate en ce jour les résultats dans son exposé intitulé : « *Perte de parole, ramollissement chronique et destruction partielle du lobe antérieur gauche du cerveau* ». Par ramollissement, il faut comprendre, avec le vocabulaire moderne, que M. Leborgne avait été victime d'un accident vasculaire cérébral (dû à l'occlusion d'une artère) qui avait entraîné une nécrose des tissus, par privation de nutriments et d'oxygène.

Devant ses pairs, le médecin relie, pour la première fois, un trouble du langage à une région du cortex. Cette zone prendra plus tard le nom d'*aire de Broca*. La découverte de cette région fut la première étape d'une fabuleuse histoire qui raconte une prouesse : comment le cerveau parvient à élaborer un langage et comment nous, humains, sommes les seuls animaux à posséder un langage sophistiqué dont les mots et les pensées remplissent des encyclopédies entières.

Des mots, que des mots, encore des mots

M. Leborgne comprenait tout, mais ne parlait pas. On dit qu'il manquait de langage articulé. Pourtant, articuler, c'est-à-dire faire travailler les muscles oraux et du pharynx pour produire un son qui correspond à un mot ou à une phrase, n'est pas vraiment parler. L'articulation c'est l'exécution motrice, certes complexe, d'un plan d'action décidé en amont et représenté mentalement avant d'être produit. Ce plan d'action sous la forme de syllabes, de mots puis de phrases, lui, fait vraiment partie du langage.

Essayons de plonger dans les arcanes du langage d'un point de vue neural. De nos jours, la vision de l'organisation des circuits cérébraux du langage, bien qu'en constante évolution, repose sur quelques grandes connaissances fondamentales. Chez un droitier, les circuits du langage se situent principalement dans son hémisphère dominant*, à gauche (chez beaucoup de gauchers, les choses sont plus complexes avec une distribution plus partagée entre les deux hémisphères). Le langage repose sur deux grands pôles fortement interconnectés, tels deux processeurs spécialisés d'un ordinateur.

Le premier est celui de la compréhension. Il sert à décoder les signaux perceptifs, auditifs ou visuels, et à les traduire en langage. Grâce à lui, nous accédons au sens des mots et relions notre lexique à nos connaissances sémantiques. Il est situé en arrière du cerveau (dans les lobes pariétal et temporal gauches). Le second est celui de l'expressivité. Il élabore le langage écrit ou parlé, crée des mots par juxtaposition de syllabes, puis des phrases par assemblage de mots. Lui réside dans l'avant du crâne (dans les lobes frontaux) et inclut l'aire de Broca.

Ainsi, quand un accident vasculaire détruit le pôle « arrière » (le « réceptif »), la personne éprouve des difficultés d'intelligibilité du langage. La forme la plus frappante de cette atteinte est l'aphasie dite de Wernicke, dans laquelle les personnes ne comprennent pas les mots entendus ou lus. Cette incapacité de décoder les mots fait que les messages adressés au pôle « expressif » ne sont pas correctement formés et engendrent un jargon fait de non-mots (par exemple : « schrakleur » au lieu d'un autre mot non identifiable), de mots transformés mais identifiables (« colomotive » à la place de « locomotive ») et de mots à la place d'autres (« pompier » à la place de « vélo »).

Évidemment, les possibilités de communication avec autrui sont très réduites du fait des troubles de la compréhension et de leur répercussion sur la production des mots. Inversement, quand le pôle « avant » (l'expressif) situé dans le cortex préfrontal est détruit tandis que le pôle arrière est préservé, les mots sont bien compris mais l'expression est perturbée, car la planification du langage (la construction des phrases) et l'élocution en pâtissent. C'est pourquoi M. *Tan* comprenait si bien ses interlocuteurs sans pouvoir leur renvoyer la politesse.

Charlton Heston est l'ambassadeur de la NSA (Non-Speaking Association)

Le langage est habituellement convoqué pour illustrer la singularité de l'espèce humaine. L'exemple le plus frappant est sans doute le récit parabolique de Pierre Boulle, *La Planète des singes* (1963), livre d'anticipation et de réflexion philosophique dans lequel les grands singes, doués du langage, ont pris notre place et créé une civilisation anthropomorphe, alors que l'Homme, lui, est un animal cueilleur dénué de parole et réduit en esclavage. Cette œuvre a fait l'objet d'une magnifique adaptation cinématographique de Franklin J. Schaffner en 1968, avec Charlton Heston dans le rôle principal de Taylor, astronaute explorateur venu d'ailleurs avec trois compagnons. Dans une scène du film, Taylor explique devant une assemblée de primates méfiants et incrédules qu'il vient d'un autre monde où les humains parlent. Afin de conforter ses dires, il indique qu'il n'est pas arrivé seul et que son compagnon, Landon, pourra confirmer son histoire. Mais lorsque celui-ci est interrogé, il reste mutique. On voit alors sur l'un des côtés du front une immense cicatrice en « fer à cheval ». Une lobotomie frontale !

Cette scène traumatisante nous dit deux choses en même temps. D'abord que l'Homme sans langage n'est plus un Homme. Ensuite, que sans lobes frontaux, point de parole, point d'humanité. Est-ce vrai ? Le langage est-il vraiment l'élément central, ontologique, qui nous caractérise et nous différencie de tous les autres êtres vivants ? La faculté du langage s'envole-t-elle en priorité et irrémédiablement lorsque le cortex préfrontal est détruit ?

Qu'est-ce que le langage ? C'est un outil de communication reposant sur les symboles. Un mot ou un idiome sont des représentations symboliques d'objets concrets, mais ils sont aussi capables de rendre vivantes des idées abstraites. Certes, la communication existe chez les autres animaux, mais elle n'atteint pas, et de loin, le niveau symbolique de la communication humaine. Si les grands singes peuvent apprendre à utiliser et à manipuler des symboles (souvenons-nous du gorille Koko), ils n'en inventent pas, les combinaisons qu'ils forment avec restent limitées et ils ne transmettent pas cette connaissance à la génération suivante. Ces aspects nous distinguent considérablement d'eux. En effet, pour les plus « illustres » linguistes comme Noam Chomsky ou Steven Pinker, le cœur du langage est non seulement la syntaxe mais aussi sa récursivité, c'est-à-dire l'utilisation de la même règle un nombre indéfini de fois, engendrant un nombre infini de phrases par le caractère combinatoire de la grammaire [1, 2]. C'est le concept de « grammaire générative universelle ».

Bref, parler c'est combiner, et combiner c'est orchestrer. Nous avons un organe « chef d'orchestre », bien plus développé que chez les autres primates, qui sous-tend des fonctions à la racine du langage. Comme le suggèrent les effets de la lobotomie frontale du malheureux astronaute de la planète des singes, le cortex préfrontal apparaît donc comme l'organe absolument nécessaire pour l'action de langage. Il intervient pour donner l'intention, puis amorcer la parole ou l'écriture, organiser le plan de l'action, c'est-à-dire choisir et extraire les mots, les combiner entre eux, construire et utiliser les règles de la grammaire.

Il sert aussi à transférer les programmes d'action, qui ne sont alors que des idées, vers les systèmes d'exécution moteurs autorisant la parole et l'écriture, mais aussi à fabriquer la syntaxe. Plus encore, il nous permet de décoder et de comprendre le contexte de l'interaction, de maintenir et de manipuler les mots, les idées et les concepts dans l'espace de délibération mentale (entre « *Je perçois* » et « *j'agis* »), d'apprendre à parler et à écrire, de créer de nouveaux mots, de nouvelles façons de s'exprimer. Bref, faire vivre la langue. En l'absence de cortex préfrontal, que de fonctions perdues, sans lesquelles notre langage en serait réduit au *Tan Tan* de M. Leborgne.

Rusé comme un Fox *(*P2*)*

Mais pourquoi parlons-nous alors que nos plus proches cousins primates, comme le chimpanzé avec lequel nous partageons plus de 98 % de notre génome, en sont incapables ? Commençons par le plus simple : rappelons-nous que nous avons une zone dans le cortex préfrontal gauche, l'aire de Broca, qui semble relever d'une grande importance pour le langage parlé. Or, la comparaison anatomique entre un humain et un chimpanzé, voire un macaque rhésus, montre une homologie interespèce forte pour cette zone cérébrale [3] : eux aussi possèdent une « aire de Broca », si on accepte la transgression sémantique. En d'autres termes, les primates devraient pouvoir parler !

Mais n'oublions pas aussi que pour pouvoir s'exprimer, il faut que le pôle réceptif « postérieur » alimente en mots le cortex préfrontal. Or chez le primate non-humain, le niveau de connexion entre les deux pôles est bien plus faible. Notamment, l'aire de Broca chez le singe est nettement moins connectée. Il se trouve que la densité de connectivité détermine la qualité d'une fonction au sein d'un réseau. En conséquence, les singes sont nettement moins bons que nous pour toutes les tâches cognitives qui font appel à la perception auditive.

Et l'ADN, qu'en dit-il ? Explique-t-il l'absence de langage chez les grands singes ? Nous savons en effet que certains troubles de l'acquisition du langage sont d'origine génétique. En 2001, une équipe anglaise menée par le généticien Anthony Monaco publiait, dans la revue *Nature*, le résultat de travaux démontrant que la mutation sur un gène dénommé *FOXP2* est à l'origine de troubles de la coordination des mouvements du visage, de la bouche et de la gorge (comme les cordes vocales et le larynx) nécessaires à la parole, démontrant ainsi que des facteurs génétiques jouent un rôle essentiel au développement du langage articulé chez l'Homme. Depuis, d'autres mutations ont été incriminées dans l'apparition au sein d'une même famille de dyslexie ou de bégaiement. Cela ne signifie évidemment pas que la formation complète du langage dépend uniquement de l'ADN, mais qu'en interaction avec l'environnement (dont le milieu culturel et l'éducation), notre génome participe au développement de notre langage.

Ces gènes, impliqués dans l'apparition des troubles du développement du langage lorsqu'ils sont mutés, sont-ils aussi présents chez les grands singes ? Oui. C'est le cas notamment de *FOXP2*[4]. Toutefois, sa structure moléculaire diffère très légèrement chez l'Homme moderne (mais aussi chez nos cousins les Néandertaliens et les Dénisoviens) par l'ajout de deux acides aminés (ce qui est une modification infime). Cependant, *FOXP2* étant un gène « régulateur » de nombreux autres gènes, cet epsilon génétique a des conséquences majeures en termes d'impact sur le rôle joué par ces autres gènes sur le développement des réseaux cérébraux dévolus au langage et de la motricité fine (dont l'articulation du langage parlé fait partie), mais aussi sur ceux impliqués dans la construction du cartilage de l'oropharynx, structure indispensable à la parole [5].

Toutefois, l'explication principale n'est pas là. Voici un premier indice orientant dans une autre direction : l'aire de Broca ne traite pas seulement et spécifiquement des fonctions du langage, mais aussi de processus plus fondamentaux dont le langage a besoin pour exister. Il s'agit notamment de nos capacités à combiner des informations, indépendamment du fait que cela soit du langage ou non [6]. En d'autres termes, le réseau du langage se serait développé et enraciné sur le terreau de capacités cognitives antérieures, prérequis de l'émergence du langage. La pensée sans le langage existerait. Elle serait présente chez le primate et dans un continuum évolutif dans lequel les capacités cognitives se seraient développées proportionnellement à l'augmentation de la connectivité du cerveau. Le langage n'a ainsi pu apparaître chez l'Homme qu'à partir du moment où d'autres grandes fonctions cognitives étaient déjà en place. Lesquelles ? Pour le savoir, plongeons dans l'évolution cognitive de notre espèce.

13

S'EXTRAIRE DE NOTRE CONDITION ANIMALE

Où l'on apprend que l'homme est un panda géant qui s'ignore

Existe-t-il un cerveau strictement *humain* ? Possédons-nous un petit truc en plus qui nous a ouvert la porte du savoir et de la pensée complexe ? L'histoire d'Adam et Ève, heureux dans le jardin d'Éden jusqu'au jour où ils goûtèrent le fruit défendu de l'arbre de la connaissance, est une magnifique parabole du destin de l'humanité. On peut y voir une compression temporelle de l'évolution de notre espèce, passée de la condition animale, sans conscience et vivant dans le présent, à celle de l'Homme civilisé. Mais ce passage biblique reflète-t-il une quelconque réalité neurobiologique ? Comment l'être humain s'est-il extrait du monde animal du point de vue cérébral, au fil de l'évolution ?

Analysons froidement les choses, d'abord sous l'angle du comportement. Entre sept et douze millions d'années avant notre ère, nos plus anciens ancêtres ont donné naissance à deux branches distinctes d'hominidés qui ont abouti à l'homme moderne (*Homo sapiens*) et aux grands singes, dont les chimpanzés, nos plus proches cousins. Sur le plan comportemental et cognitif, *Sapiens* et le chimpanzé partagent de nombreux traits. Comme nous, les chimpanzés sont doués de la capacité à fabriquer des outils : ils utilisent de petites tiges pour attraper les termites. Comme nous, ils sont capables d'interactions sociales complexes, ainsi que Jane Goodall le constata tragiquement dans le parc national de Gombe, aux abords du lac Tanganyika, en Tanzanie.

La guerre des singes

Sur les rives du plan d'eau vivaient pacifiquement deux groupes de chimpanzés, les « Kasakelas » et les « Kahamas ». Jusqu'au jour où six mâles Kasakelas tuèrent un jeune individu du clan voisin. Vu comme une déclaration de guerre, ce « crime » déclencha un conflit entre tribus qui dura quatre ans. Il mena à l'extermination de tous les mâles Kahamas, à l'enlèvement ou au meurtre des femelles, et *in fine* à la disparition complète des Kahamas [1]. Cet anéantissement méthodique requiert une cohésion et une organisation de groupe complexe pour aboutir à un objectif planifié, ce qui, malheureusement, rappelle les pires ressorts des comportements sociaux humains.

Un singe possède-t-il une conscience de soi ? Les chimpanzés, oui, au moins d'une certaine forme. Lorsqu'on soumet un chimpanzé au test du miroir de Gallup*, le primate regardant le miroir perçoit la tache colorée inodore placée sur sa tête et tente de la détacher. Il reconnaît donc son image dans le miroir [2]. L'utilisation d'outils, l'existence de relations sociales complexes ou la reconnaissance de soi dans un miroir sont-elles propres aux primates ? En aucun cas ! Des oiseaux (la pie) ou même des poissons (la raie manta*)* et des céphalopodes (la pieuvre) parviennent à répondre « positivement » au test du miroir. Les corbeaux, eux, ont recours à des outils. Par exemple, ils savent en plein vol jeter une pierre sur une noix reposant au sol pour en briser la coque [3]. Quant aux interactions sociales complexes, elles sont multiples dans le monde animal. Que dire de ces dauphins de Shark Bay au nord de Perth, à l'ouest de l'Australie, qui créent des alliances allant de quelques individus à une centaine, au gré des circonstances [4].

Inversement, connaissez-vous une seule espèce, hormis *Homo sapiens*, capable de naviguer dans l'abstraction pure jusqu'à inventer une forme artificielle d'intelligence (l'« IA ») ? Le niveau de civilisation que les humains ont atteint au fil du temps suggère que nos capacités cognitives semblent ontologiquement différentes de celles des animaux. Alors que toutes les espèces vivantes, excepté l'Homme, suivent leur devenir, en tant qu'humains, nous cherchons à nous éloigner des contraintes que nous impose l'environnement originel (la « nature »). Grâce à notre créativité, nous menons une quête incessante du progrès technologique, repoussons les maladies, améliorons notre confort et voyageons. Est-ce la clé de notre singularité, percevoir qu'un autre ordre est possible ? Notre succès évolutif est-il le fruit d'une expansion considérable de nos capacités imaginatives ?

Ceci n'est pas une banane

L'imagination, c'est-à-dire la faculté ou l'action de former de nouvelles idées, images ou concepts non présents à nos sens, requiert des capacités cognitives comme le maintien et la manipulation de représentations mentales (la mémoire de travail), l'expansion de l'espace temporel pour se projeter dans l'avenir (la mémoire prospective), la mise en relation de connaissances sémantiques éloignées pour penser en dehors des associations préétablies (la créativité) ; l'accès au raisonnement analogique (par exemple, « la Terre est au Soleil ce que l'électron est au noyau ») ; et la pensée abstraite (par exemple, « En quoi les oranges et les bananes se ressemblent-elles malgré leurs différences physiques ? »). Toutes ces capacités cognitives étendent notre représentation imaginative à un degré qui dépasse de loin celui de toute autre espèce animale. Toutes ces aptitudes nécessaires au déploiement de notre imagination dépendent de l'intégrité du cortex préfrontal.

A contrario, les maladies qui endommagent grandement le cortex préfrontal nous maintiennent dans le présent et nous rendent inaptes à l'abstraction. Elles nous assujettissent à des pensées automatiques ou nous font réagir immédiatement au flux de nos perceptions, voire nous poussent à satisfaire nos besoins primaires plutôt qu'à les contrôler. L'histoire d'Adam et Ève, c'est aussi l'histoire du cortex préfrontal. L'arbre de la connaissance dont Adam mange le fruit défendu n'est-il pas la capacité d'imagination qui nous permet de dépasser le monde apparent ?

De toutes les espèces animales, c'est chez l'Homme que le cortex préfrontal est le plus développé, proportionnellement au reste du cerveau. Il représente près d'un tiers de la surface du cortex de notre cerveau, alors qu'il n'occupe que 17 % de celui d'un chimpanzé et 11 % de celui de notre ami le macaque rhésus. Un tiers du cerveau est donc préfrontal ! Donc, logiquement, 33 % de nos neurones ? Eh bien non. Du côté des neurones, c'est presque le désert, puisque seulement 8 % des neurones sont préfrontaux. Ce gonflement spectaculaire du cortex préfrontal est surtout dû à l'augmentation du câblage, de la connectivité. La région abrite un nombre réduit de cellules nerveuses, mais celles-ci sont plus fortement reliées entre elles et aux autres neurones.

En effet, la fraction de tissu du cortex préfrontal représentée par ce que l'on appelle le neuropile, comprenant notamment les prolongements (les « axones ») et les points de connexion (les « dendrites ») des neurones, est nettement supérieure chez l'être humain par rapport au chimpanzé[5]. Le neuropile est considéré comme le marqueur principal de la connectivité aussi bien locale (c'est-à-dire entre neurones de la même région du cerveau) que distante (provenant de régions différentes). Nous, humains, sommes donc particulièrement bien servis de ce point de vue, du moins pour l'avant du cerveau. Car partout ailleurs, notamment dans le cortex moteur ou les cortex sensoriels (visuel ou auditif), nous jouons à armes égales avec le chimpanzé. Notre *humanité* cérébrale repose donc sur le cortex préfrontal et son pouvoir de communication et d'interface entre les différentes parties du cerveau.

Une affaire de granulés

On peut aussi se demander si les neurones préfrontaux ont des caractéristiques particulières les distinguant des neurones des autres régions cérébrales. Réponse : oui et non. Il existe bien un type de neurones géants, appelés les « neurones de von Economo », présents chez tous les grands primates, mais chez très peu d'autres animaux (ils ont aussi été découverts chez les éléphants, les cétacés et les lamantins, étrangement).

Ces neurones seraient justement situés dans les parties du cortex préfrontal qui appartiennent à un réseau neuronal dénommé le « réseau de saillance* ». Son rôle serait primordial pour focaliser notre attention sur les informations les plus pertinentes. À côté de ces neurones, l'immense majorité des autres neurones du cortex préfrontal sont des neurones « Monsieur Tout-le-Monde » : rien ne les distingue de leurs voisins du cortex. Les différences se jouent ailleurs.

Il existe plusieurs types de cortex selon leur apparition au cours de l'évolution des espèces. Le plus ancien est appelé *allocortex*. Il est lui-même composé de l'*archicortex* et du *paléocortex* que l'on peut retrouver chez les reptiles. Chez l'Homme, l'hippocampe est un paléocortex. Il est présent chez tous les vertébrés. En revanche, le cortex moderne (*néocortex*) s'est surtout développé chez les mammifères pour atteindre son maximum chez nous, où il représente 80 % de la population des neurones du cerveau. Il est fait de six couches superposées de neurones, chacune dotée de son type spécifique. Le néocortex, qu'il soit situé dans les lobes frontaux, temporaux, pariétaux ou occipitaux, possède les six mêmes couches, composées des mêmes neurones. La différence morphologique entre les différentes régions du néocortex repose principalement sur la proportion que représente chacune des six couches.

Au chapitre 7, nous avons appris que le cortex préfrontal du primate et donc de l'Homme est aussi nommé « cortex granulaire ». Que faut-il comprendre ? Si on observe le cortex préfrontal au microscope en passant ses six couches en revue, on voit que la quatrième, composée de petits neurones en forme de grains, est hypertrophiée. Cette couche disproportionnée distingue le cortex préfrontal des autres néocortex présents chez l'Homme. En outre, il n'existe pas de cortex granulaire chez les rongeurs, les félins ou les ongulés. Considéré comme une création évolutive d'apparition récente, l'organe est exclusif aux primates.

Ainsi, si tous les mammifères ont une extrémité antérieure du cerveau se terminant derrière le front et qui donnerait droit au titre de lobe frontal, seuls les primates ont un cortex préfrontal granulaire. Or, celui-ci ne couvre pas tout le cortex préfrontal des primates. Il correspond surtout au cortex préfrontal « froid » et à la moitié avant du cortex préfrontal « chaud ». En définitive, dans l'évolution des espèces s'est développé chez les singes un nouveau cortex dont les fonctions sont associées aux capacités cognitives adaptatives les plus sophistiquées, comme nos aptitudes à raisonner ou à planifier. Comme nous, nos cousins primates sont capables de planifier. On peut leur apprendre à résoudre un casse-tête proche de la Tour de Londres. Dès lors, quelle différence avec nous ? Un problème que nous pourrions résoudre facilement en quelques secondes nécessitera pour eux des semaines d'apprentissage. Notre rhésus ou notre chimpanzé possèdent toutes les fonctions élémentaires nécessaires pour planifier, mais en quantité limitée.

Une hypothèse fascinante concernant l'évolution des fonctions préfrontales dans le genre *Homo* a été récemment proposée par des chercheurs éthologues de San Diego (qui étudient le comportement animal) : l'ancêtre commun à tous les *hominidés* (humains et grands singes) avait une capacité de mémoire de travail égale à celle du chimpanzé d'aujourd'hui, c'est-à-dire assez faible puisque le chimpanzé est incapable de maintenir et de manipuler en moyenne plus de deux informations en mémoire de travail. Chez les *Homo*, cette capacité a augmenté linéairement jusqu'à 7 ± 2 informations maintenues et manipulées en mémoire de travail, avec un « saut » initial de 2 à 3. Il en résulte une franche différence cognitive, définitive, nous éloignant de nos cousins primates.

Finalement, pour certaines grandes fonctions cognitives, notamment celles dépendantes de la mémoire de travail, comme nos capacités de planification, on peut dire qu'il existe non pas un « saut d'espèce » entre le singe et l'homme, mais plutôt un *continuum*. Cependant, il est évident que malgré cette continuité « cognitive » entre les primates non humains et les humains, nos sociétés et nos civilisations sont fort distinctes. S'agit-il seulement d'une question quantitative, de « taille », entraînant un saut qualitatif chez l'Homme ?

T'es branché(e) ?

Il est temps de faire de la géographie. Vous connaissez les pôles Nord et Sud évidemment. Mais il va falloir intégrer dans vos connaissances didactiques le « pôle frontal ». C'est l'extrémité avant du cortex préfrontal, la limite antérieure du cerveau (voir glossaire et chapitre 11). Comme nous l'avons mentionné, l'anatomie comparée entre l'Homme et les primates non humains montre que notre pôle frontal n'a pas d'équivalent chez les autres primates. De plus, ses fonctions particularisent nettement la cognition humaine. Car cette zone réussit un exploit que le cerveau de nos cousins est incapable de réaliser : elle réunit des temps ou des informations discontinues pour constituer un ensemble cohérent.

Éclairons cette affirmation d'un exemple : Janette est doctorante et elle écrit un article sur le pôle frontal. Elle est concentrée sur une phrase complexe comme « Car cette zone réussit un exploit que le cerveau de nos cousins est inapte à réaliser : elle réunit... ». À ce moment précis de la rédaction, son directeur de thèse, fébrile, entre en trombe dans son bureau (ah, la vie rêvée des chercheurs ! En réalité, elle travaille derrière une minuscule paillasse dans un *open space* avec des écouteurs soudés aux oreilles) et lui demande de se souvenir du titre du dernier article de l'équipe de Mark d'Esposito (qui travaille sur le même sujet à l'université de Berkeley). Évidemment, Janette, qui a tout lu sur le sujet, connaît le titre de l'article et le cite de mémoire. Cette pensée lui demande néanmoins un effort de rappel en mémoire sémantique et un peu de mémoire de travail.

Immédiatement après, elle termine la phrase « … des temps ou des informations discontinues pour en faire un ensemble cohérent ». En d'autres termes, elle fait ce qu'Étienne Koechlin de l'École Normale Supérieure (Paris) a décrit pour la première fois sous le terme de *branching*[6]. Si vous effectuez une tâche nécessitant de ne pas perdre le fil de votre pensée et qu'au milieu, vous êtes interrompu par un événement qui réclame momentanément votre attention, vous pourrez ensuite la reprendre où vous l'aviez arrêtée. Le *branching*, ou « branchement » en français, est donc la capacité à garder en tête les données nécessaires pour réaliser un travail mental s'étalant dans le temps long, alors que des interférences entraînent une discontinuité temporelle pouvant nuire à son exécution.

L'expérience décrite par Étienne Koechlin publiée en 1999 dans la revue *Nature* consistait à indiquer pour chaque lettre qui apparaissait en rouge à l'écran si celle-ci se trouvait avant la lettre précédente dans un mot donné, mettons « ÉTABLE ». Cela donnait à peu près ceci : « T… A… L… E… B… L… À… » Si l'on prend pour exemple cette série, quand le premier « A » apparaît à l'écran, il faut indiquer s'il précède le « T » dans le mot « étable » (la réponse est non) et ainsi de suite pour chaque lettre. Soudain, les lettres du mot « ÉTABLE » apparaissent en vert. À partir de ce moment, il s'agit de changer de tâche et simplement de préciser si la lettre à l'écran est un « T » ou non. Après un certain temps, les lettres redeviennent rouges. À cet instant, la première tâche doit être reprise au point où elle avait été arrêtée (en d'autres termes, si la dernière lettre rouge était un « T » et que la tâche reprend par un « A », il faudra répondre « NON » car le « A » ne précède pas le « T » dans le mot « ETABLE »). Il me semble que vous allez devoir relire plusieurs fois ces quelques lignes pour bien assimiler l'épreuve !

En quoi un Homme et un arbre se ressemblent-ils ?

Quoi qu'il en soit, chez des participants volontaires sains dont on observait le cerveau par neuro-imagerie, cette tâche activait spécifiquement le pôle frontal. Conclusion : un rôle essentiel de cette région du cortex est de fusionner des connaissances temporellement éloignées afin d'atteindre nos buts, souvent différés en regard de nos activités ancrées dans le présent. De leur côté, Mark d'Esposito (Berkeley) et David Badre (Brown University), sur la base d'autres expériences de neurosciences cognitives combinées à de la neuro-imagerie, ont proposé un modèle de fonctionnement du cortex préfrontal dans lequel plus le flux des informations circule vers l'avant du cerveau et plus celles-ci sont traitées de façon abstraite[7]. Par abstraction, on désigne les processus mentaux isolant une ou plusieurs qualités d'un objet concret pour en former une représentation intellectuelle. Lorsque l'influx nerveux touche le pôle frontal, nous sommes dans le monde de l'idée pure, un domaine nécessaire pour se fixer des objectifs à long terme tels « travailler pour gagner plus », « bien manger et faire du sport pour vivre plus longtemps » ou « persévérer pour réussir (ou pour éviter un divorce) », etc.

Si je vous pose la question volontairement un peu bancale « En quoi une banane et une orange se ressemblent-elles ? », bien que ces deux choses ne soient pas physiquement semblables, vous répondrez sans hésitation que ce sont des fruits. Notre aptitude à la classification résulte de nos capacités d'abstraction, grâce auxquelles nous rangeons dans la même famille l'éléphant et le daman des rochers (cette sorte de petite marmotte africaine que nous avons déjà rencontrée), alors que vous les auriez distingués sur le seul plan physique.

L'absence d'abstraction, c'est bien le problème chez nombre de patients présentant des lésions du cortex préfrontal. Vous vous souvenez de Marc, notre patient du premier chapitre réduit à l'état de marionnette entre mes mains ? À la question « En quoi une banane et une orange se ressemblent-elles ? », il répondra : « Ça ne se ressemble pas. L'un est long et l'autre rond. » Patrick, le collectionneur de télévisions, dira : « Ils sont sucrés » « Ils ont une peau ! » Demandez-leur d'indiquer en quoi un papillon et un moustique se ressemblent, l'un dira : « Que non, ça ne se ressemble pas, l'un pique et l'autre pas » et l'autre « Que les deux volent. »

Soit les patients ne voient pas les similitudes et restent bloqués sur les différences, soit ils notent des points communs, mais ceux-ci sont concrets par nature : ils ne parviennent pas à s'élever au niveau abstrait [8]. Cette impossibilité est pathologique et reflète l'atteinte des parties antérieures du cortex préfrontal. Toutefois, nous ne sommes pas tous égaux en termes de capacités d'abstraction. Si vous demandez aux passants pris au hasard dans la rue : « En quoi un homme et un arbre se ressemblent-ils ? », il est à parier que certains vous diront que ce sont des êtres vivants quand d'autres répondront qu'ils se tiennent tous deux debout.

Des couleurs et des formes ou des chiffres et des lettres ?

Un autre trait saillant de notre intellect d'humain est le raisonnement par analogie. La théorie de la relativité vous paraît absconse ? Peut-être cette métaphore vous aidera-t-elle à en saisir le principe de base : « Une heure assis à côté d'une jolie femme semble durer une minute. Une minute assis sur un four brûlant semble durer une heure. C'est ça la relativité. » (formule attribuée à Albert Einstein). Le raisonnement par analogie nous rend tangibles des choses normalement hors de notre portée. Il dépend de notre capacité à considérer, intégrer et comparer de multiples relations entre les représentations mentales (rappelez-vous : « la Terre est au Soleil ce que l'électron est au noyau »).

Comme l'abstraction, cette faculté requiert le pôle frontal. Il en est de même de la créativité que nous avons examinée dans un précédent chapitre. Nous l'avions définie en partie comme notre aptitude à nous éloigner de schémas préétablis pour produire de l'original. Cet inédit se construisait en reliant des connaissances distantes les unes des autres. Vous voyez où je veux en venir ? Tous ensemble, ces travaux montrent que le pôle frontal est justement au centre de notre capacité à traiter la *distance*, qu'elle soit temporelle ou sémantique. Cette capacité est le terreau sur lequel poussent nos représentations abstraites du monde, c'est-à-dire celles qui nous projettent en imagination vers un monde à venir, qui n'existe que dans nos réflexions. En cela nous divergeons possiblement de la pensée de nos cousins les primates.

Pour mieux comprendre ce fossé, prenons quelques instants et réfléchissons comme un macaque rhésus.

Quand notre singe cherche sa pitance quotidienne dans les rues de New Delhi où ces animaux prolifèrent, son cortex préfrontal reçoit des autres cortex (temporal et pariétal) des données sur l'environnement, comme la forme des objets, leur éloignement, leur couleur... Il planifiera, organisera son comportement de type « *Je perçois – je délibère – j'agis* » en fonction de ces informations. La recherche de nourriture qui active son cerveau étant un objectif concret, l'information qui nourrit sa quête se doit aussi de l'être.

Si, comme le rhésus de New Delhi, nous sommes nous aussi mus par des buts généraux similaires tels que vivre et s'adapter, les règles que nous suivons sont bien plus abstraites. Un regard extérieur qui se poserait sur nous et observerait nos mouvements serait bien en peine de percer les objectifs des croyants psalmodiant ou du (des) lecteur(s) de ce livre. Notre cortex préfrontal interagit avec les cortex postérieurs pariétal et frontal, qui ne lui fournissent pas uniquement des informations concernant l'emplacement ou les caractéristiques physiques des objets de l'espace, mais aussi des entités conceptuelles, des chiffres ou des mots notamment. Ces objets alimentent les croyances, les valeurs et les concepts qui guident la vie des êtres humains. En résumé, le développement extraordinaire du pôle frontal nous rend agiles avec l'abstraction, l'exploration temporelle et en particulier la prospective. Ainsi, la transition du singe à *Sapiens* a été un long et progressif cheminement dans lequel la quête de la pitance s'est progressivement mue en prévision, en prescience du futur [9, 10].

L'Homme est un panda comme un autre

Toutefois, une question brûlante demeure : pourquoi sommes-nous sortis du jardin d'Éden ? Pourquoi ne pas avoir simplement perpétué la quête quotidienne pour la nourriture, qui anime la plupart des heures ouvrées chez les primates et les mammifères en général ? La réponse est à chercher dans les grands principes fondateurs de l'évolution. Charles Darwin considérait que les individus les mieux adaptés à la pression de leur environnement sont les plus aptes à transmettre aux générations suivantes leurs traits avantageux. Or les travaux plus récents montrent que la nature est imparfaite et que les espèces les plus adaptées tirent bénéfice, non pas de leur perfection, mais des erreurs innées de leur physiologie. Ce courant de pensée est représenté par Stephen Jay Gould, qui était paléontologue à Harvard [11]. Il éclaire selon moi la destinée humaine et en particulier la bonification de notre cortex préfrontal.

Je vais vous faire comprendre cette idée en faisant un détour par le grand panda et son penchant pour les pousses de bambou. Cette créature est de la famille des ursidés. En tant qu'ours, il possède cinq doigts et une sorte de bosse latérale sur le poignet. C'est une excroissance de l'os sésamoïde. À partir de cette difformité osseuse, un sixième doigt s'est développé, qui forme un pouce opposable. Le grand panda vit dans les montagnes du Sichuan, en Chine, dont les pentes sont tapissées de bambous. Ce pouce opposable lui est bien utile pour saisir fermement l'objet de sa convoitise. Ainsi, le panda a tiré parti d'une imperfection pour en faire un atout décisif quant à sa survie dans son environnement. Pourrait-il en être de même chez nous ? Le cortex préfrontal était-il un organe embryonnaire bien imparfait chez nos ancêtres et que la pression de sélection a su transformer en un redoutable outil ?

Continuons à dilater le temps et faisons un peu d'archéologie cognitive. Comment, au fil de l'évolution de l'espèce humaine, l'imagination s'est-elle progressivement imposée ? Quelle que soit l'origine géographique des premiers Hommes et quelles qu'en soient les raisons (changements climatiques ou autres), nous nous sommes érigés. Sous l'effet de la pesanteur, notre crâne s'est « assis » sur la colonne vertébrale. Du fait de la posture debout, notre larynx s'est ensuite libéré, ce qui nous permet aujourd'hui de produire des vocalisations plus complexes (je ne parle pas ici des *growlings* des chanteurs de *death metal*). Aux membres supérieurs, notre pouce opposable, libéré de la marche, s'est avéré utile pour la préhension. Celui des membres inférieurs a disparu et nous voilà aptes à explorer de plus grands territoires.

Comme l'ont bien décrit Silvana Condemi et François Savatier dans *Dernières nouvelles de Sapiens* (Flammarion, 2021), ces modifications morphologiques et d'autres encore se sont produites en synergie et ont formé une « boucle amplificatrice » propice à des changements progressifs de la cognition. Ces bouleversements ont conduit à une extension de la représentation du temps, et en particulier de la capacité à entrevoir un futur, très hypothétique. C'est possiblement la raison qui a poussé les homininés des genres *Paranthropus*, *Australopithecus* et *Homo* à fabriquer les premiers outils (il y a environ deux à trois millions d'années), qui étaient tout d'abord de simples galets taillés pour trancher.

2001, l'Odyssée du frontal

La conception des bifaces (entre 1,7 et 1,6 million d'années), c'est-à-dire deux plans symétriques sans exemple dans la nature, indique vraisemblablement que la création d'outils est associée à une compréhension du but visé lors de leur utilisation. Au début, ces bifaces servaient à un usage direct (lancer, frapper, gratter, etc.). Par la suite, l'Homme s'est lancé dans la production d'outils dans le seul but d'en créer d'autres, ce qui témoigne de l'émergence d'une représentation plus large du temps, d'une pensée prospective et d'un embryon de pensée abstraite. Parallèlement, l'édification de huttes, plus complexes que de simples nids, comme celles du site de Terra Amata, près de Nice, et probablement érigées par *Homo erectus* il y a environ 400 000 ans, témoigne d'un humain passé au rang d'architecte, capable d'élaborer des plans de construction, c'est-à-dire de se figurer un objet futur et complexe qui n'existe pas dans le présent.

Les linguistes ont aussi leur mot à dire sur l'abstraction de notre pensée. Le langage n'est rien d'autre qu'une incroyable manipulation d'éléments conceptuels. Au début fut le protolangage, qui aurait été un lexique de sons ou de gestes, mais sans syntaxe, selon Derek Bickerton de l'université d'Hawaï. Il est difficile de dater l'apparition du langage avec précision. Serait-ce 200 000 ans avant notre ère, selon le psychologue et neuroanthropologue Merlin Donald, lorsque l'Homme a atteint le stade « mythique », c'est-à-dire la capacité à former des symboles ? Ou entre –40 000 et –20 000 ans, lors de la conception des peintures pariétales chimériques, qui combinent des traits caractéristiques de différents animaux pour produire une créature inexistante ?

200 000 ou 40 000 ans c'est minuit moins une à l'échelle de l'humanité ! Il fut un long temps où la

pensée n'était pas langage. Celui-ci n'est donc pas nécessaire à la pensée organisée. Et le langage n'est donc venu à l'Homme qu'après le développement préalable d'un certain nombre de fonctions mentales. Sans doute avait-il déjà franchi plusieurs paliers d'abstraction. Et nous continuons à évoluer. Quelle sera la prochaine étape ? Nous en discuterons lorsque nous atteindrons les ultimes pages de ce livre. Si *Sapiens* était déshabillé de ses capacités d'abstraction, de raisonnement, de planification ou de prospective… privé de son imagination, à quoi ressemblerait-il ? Serait-il retourné au jardin d'Éden ou projeté dans l'enfer d'un automate sans pensée consciente ? Tentons de répondre à ces questions en plongeant dans l'univers des patients atteints de neurodégénérescence du cortex préfrontal.

14

PERDRE SES POUVOIRS MENTAUX

Où l'on apprend que pour vivre au Brésil, il faut parler anglais

J'espère vous avoir convaincu à travers ce livre que l'Homme est athlète de l'esprit, un cas unique à l'intérieur du monde animal. Nous avons vu que ses prouesses mentales lui proviennent d'un incroyable organe. Il est temps de passer de l'autre côté du miroir : *quid* des individus chez qui le cortex préfrontal dysfonctionne ? Quelles pathologies observe-t-on chez eux ? Si vous pensez que le sujet ne sert qu'à remplir les annales de médecine de cas uniques et étranges (comme l'histoire de Patrick, le collectionneur en maraude dans les rues de Paris), vous vous trompez. Il nous concerne tous.

Les troubles mentaux, qu'ils soient d'origine neurologique ou psychiatrique, affectent un Français sur cinq, soit plus de 13 millions de personnes et, à travers le monde, près d'un milliard d'individus. Or, une grande partie d'entre eux s'accompagnent de symptômes consécutifs d'une défaillance du cortex préfrontal. Pour n'en citer que quelques-uns : la maladie d'Alzheimer, de Parkinson, les accidents vasculaires cérébraux, la dépression, la bipolarité, les TOC, la schizophrénie ou l'autisme.

Nos capacités à raisonner, à abstraire ou à créer sont en effet mises à mal par certaines maladies touchant le cortex préfrontal. C'est normal, car si l'on plaçait, telle une cible, un cerveau à quelques mètres et que nous lancions des fléchettes dans sa direction (situation peu probable à moins d'être adepte d'*Hannibal Lecter*), il est fort probable que chaque flèche qui ferait mouche toucherait soit directement le cortex préfrontal, du fait de sa taille démesurée, soit des centres nerveux qui dépendent directement du contrôle préfrontal. À mes yeux, le cerveau apparaît comme une toile d'araignée sur laquelle la vibration d'un fil, même périphérique, attire l'attention du cortex préfrontal.

Quand Georgette se trouble

Nous avons croisé de nombreux patients dans le livre. Certains étaient touchés par une maladie s'en prenant directement et presque uniquement au cortex préfrontal. Leur maladie connue anciennement sous le terme de maladie de Pick est dénommée aujourd'hui « dégénérescence lobaire fronto-temporale » ou « démence fronto-temporale de forme comportementale ».

Jeune interne (pléonasme) à la Salpêtrière, dans un des lits d'hospitalisation dont j'avais – à mon humble niveau – la responsabilité, se trouvait une dame d'une cinquantaine d'années – que je vais prénommer « Georgette » – dont je garde aujourd'hui le souvenir intact tant elle m'avait désarçonné par son comportement intrigant. Il régnait dans sa chambre un grand désordre, en complète dissonance avec le lieu, d'ordinaire aseptisé. Au sol reposaient quantité de sacs d'enseignes alimentaires, eux-mêmes emplis de bouteilles de sodas, de jus de fruits, de paquets de chips et de tablettes de chocolat. Sur la table de nuit, un amoncellement d'emballages ratatinés, de sablés à demiconsommés et de grosses miettes masquait la télécommande de la télévision et la sonnette d'alarme. Les draps jaunes et les alèses estampillés « Assistance Publique — Hôpitaux de Paris » enjambaient les barrières métalliques latérales.

Quand on entrait, on trouvait généralement Georgette couchée sur son lit, vêtue d'une simple nuisette dévoilant largement ses formes très généreuses. L'entouraient des sucreries, emballées ou non, et de nombreuses peluches, ses « doudous ». Le plus étrange survint à une période où elle s'était mise à lire à voix haute un ouvrage en anglais. Elle apprenait en effet assidûment la langue pour partir vivre à l'étranger, disait-elle. « En Angleterre ? », « Aux États-Unis ? » lui demandais-je un jour. « Non, au Brésil ! » J'étais stupéfait.

L'inadéquation entre la décision apparente de partir vivre en Amérique latine et celle d'apprendre l'anglais relevait d'une incapacité à donner à son raisonnement un contexte cohérent. Comme j'ai tenté de le faire comprendre dans le chapitre consacré à la motivation et au collectionneur de télévisions, le cortex préfrontal « chaud » produit une valeur relative et contextuelle par le calcul de ratios comme les rapports « bénéfice/effort » ou « bénéfice/risque ». Quand ce calcul est altéré, il en résulte une décontextualisation rendant inadapté le comportement. Le cortex préfrontal « chaud » de Georgette était donc malade. Si j'avais eu les connaissances d'aujourd'hui, j'aurais aussi pu classer dans la catégorie dysfonctionnement du cortex préfrontal « chaud » les troubles de Georgette.

Doudou régressif

Mais postons-nous derrière la « vitre sans tain » et observons la suite de l'entretien que j'ai mené avec elle ce jour-là. Rapidement, Georgette me dit, le sourire aux lèvres, entre deux poignées d'oursons colorés, gobés et avalés sans être mâchés, qu'elle déteste son mari et qu'elle est ici entièrement par sa faute. Plus tard, revenant sur l'origine du mal, ledit mari m'apprendra que tout avait commencé au travail.

Secrétaire consciencieuse dans une société d'assurances, sa femme avait un jour contemplé la pile de dossiers posés sur son bureau puis s'était emparée d'une paire de ciseaux et avait commencé à découper méthodiquement les contrats, à la manière d'un broyeur de documents ! Placée en arrêt de travail pour une dépression supposée, elle s'était mise à passer ses journées les yeux fixés sur sa télévision, souvent éteinte. Sa collection de poupées en chiffon l'entourait. Elle les cajolait, en prenait certaines dans ses bras et leur parlait comme à des nourrissons, avec un vocabulaire infantilisant. Simultanément, elle avait développé une obsession pour les conserves de raviolis et pour le sucré. Elle avait pris trente kilos en six mois.

« Mais pourquoi détestez-vous votre époux ? interrogeai-je Georgette.

— Il est mauvais. Le soir quand je dors, il entre dans le lit et hop ! il fait sa petite affaire, sans amour. »

Décontenancé par ces confidences intimes, je ne sus quoi dire. « Sans amour », répéta-t-elle plusieurs fois en sanglotant. Soudain, elle passa des larmes au rire. Elle se leva, écarta les bras et chanta la « *vie en rose* ». J'en restai coi, je n'avais jamais rencontré pareil cas.

Mon maître, le professeur Bruno Dubois, nous fit quelques jours plus tard une leçon sur la maladie que présentait cette patiente, la maladie de Pick. Les symptômes de cette affection débutent aux alentours de 55 à 60 ans, bien plus tôt que la maladie d'Alzheimer, ce qui explique que Georgette travaillait lorsque les premiers signes sont survenus. Il existe plusieurs formes cliniques, mais la plus fréquente est dite de « forme comportementale ». Le comportement se modifie insidieusement, ce qui rend cette maladie difficile à détecter initialement, la plupart des troubles s'interprétant comme ceux d'une maladie psychiatrique. En réalité, les altérations comportementales proviennent de lésions dans le cortex préfrontal « chaud » impliqué dans la motivation, l'empathie, le contrôle de nos affects et de nos émotions et la régulation de nos états internes comme la faim, la soif ou les pulsions sexuelles.

Certains troubles sont évocateurs, le comportement alimentaire notamment. Les patients ont une appétence pour le sucré et le gras et ne peuvent s'empêcher de grignoter. Certains développent des obsessions pour un type d'aliment qu'ils achètent en grande quantité et, comme Georgette, se jettent sur la nourriture dès qu'elle se trouve à portée de fourchette (ou de mains). Ils ne peuvent tenir en place pendant le repas et se lèvent de nombreuses fois. S'ils avaient déjà une tendance addictive vers l'alcool, celle-ci se majore dans des proportions incontrôlables. La prise de poids est souvent massive et rapide. Ces troubles sont les conséquences combinées de plusieurs mécanismes. D'abord une levée d'inhibition comportementale menant à des pulsions primitives de survie, comme la nécessité de consommer des aliments riches en énergie. La part d'instinct de l'Homme refait surface alors que la couche civilisationnelle s'effondre.

Ensuite, la perte de l'espace de délibération mentale entre « *Je perçois* » et « *j'agis* » conduit à un défaut de valorisation contextuelle, car n'intervient plus dans le rapport « bénéfice-inconvénient » la vision des conséquences futures de nos actions. Par ailleurs, le cortex préfrontal « chaud » participant à la régulation des états internes comme le contrôle de la faim ou de la soif (il agit sur d'autres parties du cerveau comme l'hypothalamus*), ces circuits dysfonctionnent avec, par exemple, une diminution de la sensation de satiété.

Enfin, la perte d'empathie entraîne l'absence de prise en compte des convenances sociales et le désintérêt pour autrui. Marc, le patient de l'introduction, dévorait les frites de ses enfants, faisant preuve d'un égoïsme désarmant. Georgette manifestait une absence gênante de pudeur. Mais que dire du comportement infantile de cette même patiente avec ses doudous ? Faut-il envisager que la couche de civilisation que nous construisons au fil du temps se soit effritée et qu'une percée à travers la carapace de cette « construction culturelle » ait conduit à une régression vers la petite enfance ?

Une remarque importante sur ces patients, qui concerne également leur entourage : les individus perdent l'introspection, si bien qu'ils ne peuvent analyser correctement leurs difficultés. Ainsi, en général, ils ne perçoivent pas du tout l'anormalité de leur comportement. L'absence d'introspection induit non seulement la non-reconnaissance des troubles – la fameuse « anosognosie* » – mais aussi l'absence de souffrance morale durable dans le temps. Ainsi, à la différence des personnes déprimées, l'humeur, si elle devient négative, ne le reste jamais bien longtemps et les patients vivent leur vie dans un état affectif neutre, voire jovial. C'est pourquoi Georgette pouvait passer des larmes au rire en un instant.

Que se passe-t-il dans le cerveau des patients [1] ? Des années voire des décennies avant le premier symptôme, un dérèglement biologique produisant l'accumulation anormale de certaines protéines va progressivement conduire à l'altération des neurones se trouvant dans les lobes frontaux et temporaux. Ultimement, ces neurones meurent et cela conduit à la fonte progressive – l'atrophie – des zones touchées. Puisque les anomalies biologiques dans le cerveau précèdent de nombreuses années les premiers symptômes et que ceux-ci s'installent insidieusement, peut-on détecter des changements subtils du comportement des années ou des décennies avant les signes indiscutables de la maladie ? Cela interroge sur ce qu'est un comportement anormal. Nous aborderons cette question fascinante au chapitre suivant.

Sophie vs Georgette

Sophie est neuropsychologue. Elle s'apprête à mener une évaluation psychométrique sur Georgette. La batterie de tests mesurera l'efficience intellectuelle globale, mais testera aussi des fonctions mentales bien spécifiques. Chacun de ces outils a été validé dans une grande population de personnes saines bien échelonnée selon l'âge, le sexe et le niveau d'étude. Les résultats sont exprimés de façon chiffrée et définissent une fenêtre de performances normales, comme un dosage biologique avec des fourchettes haute et basse.

Sophie emploie une approche méthodique, dessinant progressivement le profil du syndrome cognitivo-comportemental de la maladie. D'abord, un test rapide de débrouillage évaluera les aptitudes intellectuelles globales de la patiente. Puis elle passera à des tests spécifiques. Ils sont classés en différentes catégories explorant chacune une faculté différente : l'attention, la mémoire, le langage, la capacité à se représenter les gestes, à dessiner et bien d'autres encore. L'une de ces catégories nous intéresse plus particulièrement : l'évaluation des fonctions exécutives*, c'est-à-dire le pouvoir d'élaborer, de planifier, d'initier et d'exécuter un comportement volontaire dirigé vers un but. En d'autres termes, les fonctions qui dépendent fondamentalement de l'intégrité du cortex préfrontal.

Georgette commence par un test d'attention : celui des « empans chiffrés directs ». En psychologie, un empan est la longueur maximale d'un nombre d'éléments mémorisables. Le test consiste à écouter une série de chiffres, comme « *3-8-2* », et à les répéter dans le même ordre, sachant que le nombre de chiffres augmente à chaque tour. Georgette obtient un empan de cinq. Interprétation de Sophie : « Georgette aurait pu faire mieux, elle a un léger trouble du maintien attentionnel. » Elle est incapable de maintenir en représentation mentale une très longue série de chiffres. Cela vous rappelle-t-il quelque chose ? Oui, il s'agit d'une faculté relevant de la mémoire de travail. Il semble donc que Georgette a un trouble du maintien en mémoire de travail, fonction très « préfrontale ».

Variante de l'exercice précédent : les empans chiffrés indirects. Cette fois, quand Georgette entend « *8-5-2* », elle doit renverser la séquence et répondre : « *2-5-8* ». Georgette échoue à trois chiffres ! Sophie ne cache pas sa surprise : « Les capacités de manipulation en mémoire de travail sont encore plus fortement altérées que je le pensais. » La mémoire de travail est la capacité à maintenir (ici, les empans directs) et à manipuler (les empans indirects) des informations dans un espace de représentation mentale afin d'organiser la réponse à venir. « Le cortex préfrontal ne semble pas fonctionner correctement, passons aux fonctions exécutives. »

J'ai déjà décrit quelques tests de ce type. Vous connaissez déjà les comportements anormaux d'adhérence à l'environnement illustrés par Marc au premier chapitre. Georgette les présente tous : elle imite, collectionne, utilise et ne peut s'empêcher de saisir les mains de l'examinateur sans pouvoir les relâcher. L'adhérence à l'environnement témoigne d'une perte de la capacité à contrôler le présent, qui plonge Georgette dans le « *Je perçois – j'agis* » à la place du « *Je perçois – je délibère – j'agis* ». Dans ce nouvel exercice, elle doit imiter et répéter en boucle une série de trois gestes : poing fermé sur la table, main ouverte présentant la tranche, puis paume à plat. Bilan : la patiente se montre incapable de reprendre le tempo ternaire imposé par la neurologue. Elle a remplacé la série par « *Poing – paume / Poing – paume…* ». « Georgette ne peut organiser une séquence gestuelle complexe. Ses capacités de planification sont probablement altérées. Cela devrait être confirmé par la Tour de Londres. ». La Tour de Londres, vous connaissez aussi. Évidemment, Georgette essuie un échec au test.

La neuropsychologue propose ensuite : « Dites-moi autant de mots que possible commençant par la lettre S, sauf des prénoms ou des noms propres. » C'est le test dit « de fluence littérale ». Sophie démarre un minuteur d'une minute.

« Samantha…

— Georgette, pas de prénoms. Le temps s'écoule.

— Suave… Sueurs… Suée. Trente secondes déjà.

— Allez Georgette, vous pouvez en donner plus !

— Sucre… Sussu… Sueur. »

Conclusions : quatre mots, un non-mot et une répétition ! Inversement, lorsque l'on demande à Georgette de citer tous les animaux domestiques qu'elle connaît, elle déroule une liste longue comme le bras. Qu'indique cette différence de performance entre des tâches en apparence voisines ? Les noms d'animaux, de couleurs, de fleurs, de villes de France, etc., sont des classes sémantiques dans lesquelles les connaissances de proximité sont organisées. Quand nous donnons des noms de légumes, nous ouvrons un tiroir et nous extrayons ce qu'il contient. Cela nous paraît facile, car cela correspond à la façon dont nous rangeons nos connaissances.

En revanche, donner des noms commençant par une lettre est une tout autre affaire. Il faut balayer des champs sémantiques très différents. Cet exercice n'est guère trivial et requiert la mise en place de stratégies variées. Or la capacité à penser de façon stratégique est une fonction préfrontale. Georgette n'y parvient pas. Elle n'use que d'une seule stratégie, phonétique, et ne produit que quatre mots, un non-mot (« sussu ») et une répétition (« sueur »). Conclusion de Sophie : « La fluence littérale est effondrée, sa cognition frontale aussi. »

Voyage dans le Wisconsin

Georgette a-t-elle un jugement sûr, elle qui veut apprendre l'anglais pour vivre au Brésil ? Rien de moins certain. Pour en avoir le cœur net, Sophie lui raconte de brèves histoires, en lui précisant bien qu'elles sont absurdes. À Georgette d'en détecter l'ineptie. « L'équipe de direction de la SNCF s'est réunie il y a quelques jours pour répondre à un problème de sécurité ferroviaire. En effet, toutes les études montrent que lorsqu'il y a une collision frontale entre deux trains, c'est toujours dans le dernier wagon qu'il y a le plus de victimes. Après réflexion, la direction a décidé de supprimer le dernier wagon. Qu'en pensez-vous ? » « Oui, c'est bien, si ça peut éviter plus de morts », répond-elle.

Quelles sont à présent ses capacités d'abstraction ?

« En quoi se ressemblent une chaise et une table ? »

La réponse fuse.

« J'en ai dans ma cuisine… Ils ont quatre pieds.

— En quoi une tulipe, une rose et une marguerite se ressemblent-elles ?

— Ça ne se ressemble pas ! La tulipe est rouge, la rose est rose et la marguerite est blanche avec un cœur jaune !

— Que signifie l'expression “l'habit ne fait pas le moine” ?

— Que les moines s'habillent comme ils veulent. »

Bilan : « Les réponses restent au niveau du concret, elle ne peut s'abstraire. Encore un défaut de fonctionnement du cortex préfrontal. »

L'évaluation se poursuit avec le *Wisconsin Card Sorting Test.* Sophie pose un paquet de cartes sur la table. Sur chacune d'elles, un symbole est dessiné (une croix, une étoile, un carré ou un rond). Il peut être de couleur rouge, bleue, verte ou jaune et, sur chaque carte, le nombre de symboles varie (un, deux, trois ou quatre). Une carte ne porte qu'un type de symbole et qu'une couleur. Par exemple, l'une représente trois ronds bleus et une autre deux carrés rouges.

Il faut classer les cartes soit par symboles, soit par couleurs ou par nombres. L'examiné décide lui-même d'emblée quelle sera la règle de classement. Si Georgette choisit la couleur, quel que soit le symbole ou le nombre, elle disposera en petits tas les cartes dont les symboles sont de couleur rouge à côté de celles aux couleurs bleues, vertes et jaunes. Après une douzaine de classements, sans en prévenir Georgette, Sophie décide que la règle change et à chaque fois que Georgette classe selon la couleur, elle lui indique que cela n'est pas correct. Georgette doit alors trouver une autre règle de classement (par exemple, la forme ou le nombre).

Sophie provoquera cinq changements de règles et comme il n'y en a que trois possibles, Georgette devrait reproduire les mêmes classements deux fois.

Cela s'avère étonnamment simple pour commencer. Georgette classe d'emblée les cartes par la couleur. La règle de classement est comprise puis maintenue pendant les douze essais suivants mais, lorsqu'incidemment la règle de classement change, elle continue à appliquer la même règle sur dix essais supplémentaires, bien qu'à chaque erreur, Sophie la lui fasse remarquer. Finalement, elle ne trouvera que deux façons de classer les cartes. La neuropsychologue : « Elle persévère sur la règle antérieure. Elle manque de flexibilité cognitive. » En effet, le « Wisconsin » est une épreuve évaluant les capacités à trouver des règles et à les maintenir. Elle s'intéresse donc à nos capacités de conceptualiser par l'étude de l'élaboration de règles, mais aussi à notre pouvoir d'adaptation cognitive, à notre aptitude à changer de comportement quand il ne convient plus. Notre préfrontal « chef d'orchestre » et « créateur » nous permet de ne pas nous perdre dans le Wisconsin.

Le chat boit du Stendhal

Georgette paraissait impulsive dans son comportement spontané. Présente-t-elle une désinhibition dans les tests cognitifs ? Vous rappelez-vous cette phrase à compléter : « Le chat boit du… ? » Georgette répond du tac au tac à chacune des quinze phrases du même acabit. Puis les choses se compliquent. Cette fois, à la phrase « le chat boit du… ? », il lui faudra trouver un mot qui rend la phrase absurde (« parquet », « Albin Michel », « Stendhal », « synonyme », etc.). Il n'y a pas de limite. Vous pouvez vous y essayer sur ces deux exemples : « Le bébé pleure pour appeler sa… » et « Le menuisier a cloué un clou avec un… ». « Mère ! » et « Marteau ! », clame successivement Georgette avec un sourire victorieux sur le visage. Elle ne peut bloquer le premier mot qui vient à l'esprit.

Dans le même ordre d'idée, passons directement à la « partie 4 » d'un autre test, inventé par John Stroop en 1938 et que l'on connaît partout dans le monde comme le « test de Stroop ». Sur une feuille, les mots « JAUNE », « BLEU », « ROUGE » et « VERT » se répètent et se succèdent aléatoirement sur plusieurs lignes qu'il faut parcourir de gauche à droite et de haut en bas sans jamais nommer les mots. À la place, on doit préciser de quelle couleur ils sont écrits (jaune, bleu, vert ou rouge) et cela le plus rapidement possible. Imaginez le mot « JAUNE » écrit en vert, il vous faudra un instant avant de répondre : vert. Georgette va vite dans cet exercice, mais sa célérité est uniquement interprétée par le fait qu'elle ne peut faire autrement que de lire les mots. Son cerveau a privilégié le traitement le plus automatique en lisant le mot, mais a manqué de contrôle inhibiteur, en n'en bloquant pas la lecture. Encore un déficit du cortex préfrontal : l'incapacité à bloquer une réponse inappropriée.

Herbert von Karajan est de retour

Plus elle avance en besogne, plus notre neuropsychologue est convaincue que la maladie de Georgette touche presque toutes les fonctions préfrontales. En bonne praticienne, elle va maintenant évaluer les autres champs de la cognition. Tout va bien. La patiente identifie, dénomme et définit toutes sortes de choses et de mots, estime des quantités, pose des additions et des soustractions sur le papier, réalise des gestes symboliques (pied de nez, signe de croix, etc.) et sait imiter des gestes. Bref, la plupart des instrumentistes de la pensée jouent correctement leur partition, mais seulement quand ils jouent en solo et ne produisent rien d'original.

Sophie passe à la mémoire épisodique, celle qui nous permet d'enregistrer, de stocker et de rappeler les événements personnels du quotidien. Elle présente une liste écrite de seize mots organisés en quatre catégories, chacune relevant d'une classe taxonomique différente : « Jonquille » (fleur), « Harpe » (instrument de musique), « Dentiste » (métier), « Judo » (sport), etc. Le jeu consiste à retenir les mots qui seront demandés à trois reprises. Le score total maximal est de 48/48 (16 × 3). Georgette est à 8/48 ! C'est-à-dire qu'elle n'a pu rappeler que 8 mots sur 48 (premier rappel : 2/ 16 ; deuxième rappel : 3/16 ; troisième rappel : 3/16). Souffrirait-elle d'un trouble de la mémoire sévère évoquant une maladie d'Alzheimer ? Un des grands intérêts du test est de donner une seconde chance à l'examiné quand on fournit comme indice la catégorie (fleur, instrument de musique, métier, sport, etc.). Grâce à cette aide, la performance de Georgette remonte à 48/48 !

Comment interpréter cet écart ? La patiente a bien enregistré et stocké les mots en mémoire puisqu'avec les indices le résultat est normal. Sa mémoire au sens véritable, c'est-à-dire sa capacité d'enregistrement et de stockage, est intacte. En revanche, aller chercher le souvenir conservé dans le dédale de notre mémoire, c'est autre chose. Il s'agit de nager dans les méandres de nos souvenirs, de descendre au fond de la mine afin de retrouver l'information qui a été stockée. Le stratège qui organise cette extraction, c'est le cortex préfrontal. Comme Herbert von Karajan, le préfrontal intervient sur l'ensemble de l'orchestre. Il ne joue d'aucun instrument (de la pensée), mais modère chaque instrumentiste (ici le joueur de mémoire) afin que la partition soit harmonieusement jouée.

Libre ou esclave ?

Sophie a terminé son évaluation. Il est temps de faire la synthèse de cette session, épuisante pour toutes les deux. Georgette est en apparence une personne saine. Elle est souriante, ne se plaint de rien, jouit d'une bonne forme physique et a fait le projet de partir au Brésil. Pourtant, l'observation et l'entretien avec son époux révèlent de graves difficultés adaptatives reliées à un comportement anormal. Sophie, par un choix pertinent de tests et d'échelles psychométriques, nous a montré que si les instruments de la pensée (les mots, les souvenirs, les gestes, les chiffres ou les connaissances didactiques) étaient fonctionnels, leur utilisation était inadaptée.

Le chef d'orchestre a perdu sa baguette et Georgette sa marge de manœuvre, ses quelques degrés de liberté par rapport à ses pulsions et à la pression que l'environnement exerce sur elle. Elle ne peut initier de comportement nouveau et reste souvent inerte, sans rien faire, apathique. N'est-il pas extraordinaire de voir se dessiner progressivement, chez la personne testée, au fur et à mesure que les tests s'égrènent, les contours de plus en plus nets de sa condition de créature prisonnière ou au contraire d'être humain libre ?

Alors Georgette, esclave ou personne libre ? Indiscutablement esclave et le responsable est sa maladie, sa dégénérescence lobaire fronto-temporale, qui détruit le véritable organe de la liberté : le cortex préfrontal. Mais la question peut aussi être posée pour chacun de nous. Jusqu'à quel degré sommes-nous libres de nos décisions ? Quelles sont les limites d'un cortex préfrontal indemne ? Sommes-nous tous égaux en termes de fonctionnement frontal ? En effet, qui n'est pas attiré par les sucreries ? Qui ne réagit jamais de façon impulsive et conformiste ? Qui n'a pas tendance à traduire un monde complexe en objet simpliste (vous pouvez m'inclure) ? Qui, en toute chose, sait trouver la juste valeur ? Qui comprend toujours et parfaitement ce que pense ou ressent l'autre ?

Plus fascinant encore, voire inquiétant : si, du fait d'une anomalie de développement mêlée à une trajectoire de vie malheureuse, nous sommes envahis par nos pulsions, incapables de résister à nos réactions les plus primitives ou, plus subtilement, si notre pensée est organiquement dénuée d'empathie, sommes-nous responsables de nos actions ? La question conduit à réfléchir à la notion de « libre arbitre » dans les conduites asociales. L'actualité nous a montré comment des crimes odieux ou des actions terroristes pouvaient être interprétés à travers le prisme de l'irresponsabilité individuelle. Faut-il exploiter nos connaissances du fonctionnement du cortex préfrontal et les données des tests cognitifs et de la neuro-imagerie pour arguer, à bon ou à mauvais escient, de la responsabilité d'un justiciable dans le prétoire ?

15

LE CONCEPT DE FRONTALITÉ

Où l'on apprend que nous sommes tous Benjamin Button

« Loin des yeux, loin de l'esprit » : c'est par ces mots que Jean Piaget décrivait l'inaptitude des jeunes enfants à considérer un objet qui disparaissait de leur vue. L'enfant en bas âge ne possédant pas encore d'espace de manipulation des représentations mentales (c'est-à-dire de mémoire de travail), il ne peut vivre que dans le temps présent. Les travaux du célèbre psychologue trouvent un écho avec le sujet de ce livre. Nos pouvoirs cérébraux atteignent en effet leur maturité en même temps que celle du cortex préfrontal, entre 25 et 30 ans uniquement. Nous naissons avec une machine non encore branchée dont les milliards de câbles (les fibres nerveuses provenant des neurones des autres parties du cerveau) se connecteraient progressivement.

Pour terminer, j'aimerais justement vous exposer comment cette machinerie se développe au cours de la vie [1]. Cela me paraît important pour que vous saisissiez que notre cerveau monte lentement en régime, progressant par paliers de fonctionnement. Si vous avez de grands enfants adolescents, peut-être serez-vous plus patient et indulgent envers eux, sachant qu'ils ne sont pas tout à fait « finis ».

Genèse

Quand l'histoire du cortex préfrontal commence-t-elle ? Dès la troisième semaine de vie *in utero*, nous sommes dotés d'un petit cerveau nommé tube neural*, un cylindre creux constitué de « cellules souches » qui donneront naissance, par un processus progressif de différenciation, aux neurones (c'est la « neurogenèse »). Ces neurones immatures prolifèrent jusqu'environ l'âge de deux ans. Cette étape est cruciale, car elle détermine le nombre de neurones qui siégeront dans le cortex préfrontal. Dans un deuxième temps, les neurones migrent en suivant des fibres cellulaires de « charpente », appelées « cellules gliales* ». Ces axes agissent comme des guides vers leur destination finale.

Comme il a été montré depuis les travaux dans les années 1970 de Pasko Rakic, de l'université de Yale, ce déplacement résulte d'une série d'événements parfaitement régulée, qui se déroule selon un ordre bien précis : les premiers neurones à migrer se placent dans la couche la plus profonde du cortex, tandis que les derniers migrent vers sa couche superficielle. La migration débute bien avant la naissance (entre le troisième et le sixième mois de la vie *in utero*). Ensuite, les neurones se différencient pour former les sous-types qui logeront dans les étages (les couches) du cortex préfrontal, une phase qui s'étendra jusqu'à l'adolescence.

Dès la petite enfance, un quatrième processus (son maximum est atteint autour de deux ou trois ans, mais il se prolonge jusqu'à l'adolescence) est la formation de connexions entre les neurones, c'est-à-dire la fabrication des synapses*, la « synaptogenèse ». Les neurones du cortex préfrontal se connectent entre eux, mais aussi avec des neurones provenant de très nombreuses parties du cerveau. Beaucoup de ces synapses seront supprimées en même temps que s'affirment nos traits de personnalité. C'est la phase d'« élagage », qui dure jusque chez le jeune adulte. Ainsi, pour mieux penser, il faut couper des branches.

Enfin, ultime phase de construction du cortex, les axones (les prolongements des neurones, qui permettent de contacter d'autres neurones à distance) sont recouverts d'une gaine d'isolation nommée « myéline* », (elle-même fabriquée par les cellules gliales). Comme la matière plastique entourant les câbles électriques, cette couche protège et isole l'axone, transmetteur d'un signal électrique d'un neurone à l'autre. La myéline améliore aussi la conduction du signal nerveux. Son intervention se poursuit comme l'élagage durant le jeune âge adulte.

Prolifération, migration, différenciation, synaptogenèse, élagage et myélinisation : toutes ces phases ne se suivent pas strictement l'une après l'autre, mais se chevauchent et c'est ainsi qu'à un instant « t », plusieurs étapes ont cours simultanément.

Alors que l'architecture des autres régions du cerveau est déjà en place, les fondations du cortex préfrontal se bâtissent jusqu'à l'âge adulte. À la cascade biologique développementale répond l'émergence progressive des fonctions préfrontales [2]. Les premières aptitudes cognitives à se mettre en place, dans les six premières années de vie, sont la mémoire de travail (la capacité à maintenir et manipuler pendant un temps limité, moins d'une minute, des représentations mentales pour produire une action), l'inhibition (permettant de résister aux pulsions internes et à la pression de l'environnement) et la flexibilité mentale (la capacité à changer de règle en réponse à des changements de contexte). Ces trois aptitudes sont les fonctions élémentaires sur lesquelles s'élaboreront pendant la grande enfance, l'adolescence et chez le jeune adulte, des capacités plus complexes comme l'abstraction, le raisonnement, la planification ou la créativité.

Des êtres humains autonomes

Savoir que le cortex préfrontal de l'enfant et de l'adolescent est loin d'être fini amène à réfléchir sur l'éducation dispensée par les parents. Puisque cet organe construit la couche civilisationnelle qui chapeaute notre cerveau instinctif, pulsionnel et automatique, éduquer le jeune, c'est en quelque sorte bâtir la charpente sur laquelle reposeront les comportements volontaires de l'individu. En d'autres termes, nous devons entraîner les enfants, dès le plus jeune âge, à développer les facultés qu'héberge cette région cérébrale : la mémoire de travail, le contrôle inhibiteur et la flexibilité. Ainsi, ils seront mieux armés dans leur vie d'êtres humains autonomes. Ils pourront mieux se représenter le monde au-delà du présent et de sa matérialité, et sauront rester concentrés sur un sujet sans céder aux pulsions immédiates. Face aux tentations faciles, ils apprendront à gérer leur frustration dans l'espoir d'une meilleure gratification future. Persévérants, ils sauront changer de règle pour mieux s'adapter aux enjeux et aux contraintes du monde.

La forme d'éducation que nous menons dès la petite enfance paraît fondamentale puisqu'elle construit un cortex préfrontal plus ou moins solide (et donc une première couche civilisationnelle plus ou moins épaisse). Plus tard dans l'enfance, à l'adolescence puis au jeune âge adulte, sur la base de l'acquis antérieur, nous élaborons notre raisonnement déductif et analogique, notre prise de décision délibérée, nos croyances, et nous donnons de la force à nos valeurs morales. Nous devenons capables de nous abstraire et de conceptualiser, de planifier, de nous projeter, de conserver des objectifs à très long terme et d'être créatif.

Au fil de cette construction éducative, nous échappons progressivement au « *Je perçois – j'agis* » qui nous rend esclave du présent et nous développons notre imagination. Celle-ci est la source de notre émancipation, du progrès, de l'esprit critique et du libre arbitre. Nous, adultes éducateurs, nous pouvons considérer que les matériaux de construction sont présents à la naissance et qu'il faut les assembler pour dépasser la déficience cérébrale naturelle (le sous-développement du cortex préfrontal) de l'enfant, de l'adolescent et du jeune adulte, pour l'aider à construire un format de pensée relativement autonome des pressions de nos environnements interne et externe.

Mais cela n'est pas simple. En effet, si nous ne tenons pas compte des capacités réelles des enfants à un âge donné, nous risquons de commettre des erreurs délétères. Pousser trop tôt un jeune enfant à accomplir des tâches abstraites le conduira à l'échec. Dès lors, les parents et les professeurs doivent-ils prendre en compte la conclusion de ce livre et promouvoir les exercices ciblant les capacités du cortex préfrontal ? À mes yeux, ne pas encourager le jeune dans ce sens serait manquer d'ambition pour lui et collectivement pour la société. J'ai bien conscience qu'appliquer aveuglément les leçons tirées des chapitres précédents n'a pas de sens, mais je suis aussi persuadé qu'un éducateur éclairé, au fait des acquis des neurosciences, aura davantage de chance de mener à bien sa mission éducative. Toutefois, les connaissances n'étant jamais figées (et souvent la science conduit à revoir ce que l'on pensait établi auparavant), il lui faudra régulièrement mettre son savoir à jour. Cette flexibilité mentale – se réajuster en tenant compte des dernières découvertes – n'est-elle pas également logée dans les replis de notre cortex préfrontal ?

Les molécules du mal

Évidemment, tout parent, tout formateur, est anxieux de la qualité de son éducation et se demande s'il suit le bon chemin. Mais il est des situations où la question ne se pose pas : nous nous fourvoyons. Je pense notamment à la genèse de la violence. Certains modèles explicatifs dits « psychodynamiques » proposent qu'elle émerge de schémas répétitifs d'agressions survenus dans l'enfance. À l'âge adulte, ces motifs deviennent des automatismes acquis et quasi irréversibles, et engendrent des individus psychopathes violents [3].

Pour que vous compreniez où je veux en venir, prenez un enfant qui vient de naître. S'il est porteur d'un profil génétique entraînant une faible expression intracérébrale de neurotransmetteurs comme la sérotonine* et la noradrénaline[4, 5], il manifestera naturellement une tendance à l'impulsivité. Prenons la monoamine oxydase-A, une enzyme (une protéine qui contribue à la fabrication ou à la dégradation d'une autre protéine) qui régule la sérotonine en la rendant inactive. Plus l'activité de la monoamine oxydase-A est intense, moins il y a de sérotonine et inversement. L'activité de cette enzyme est génétiquement déterminée. Or, les personnes exprimant trop fortement cette enzyme (c'est-à-dire qu'ils ont moins de sérotonine disponible) sont plus impulsives et violentes.

Pourtant, le poids de la génétique est en général insuffisant pour conduire à un comportement violent ultérieur. Il faut aussi des facteurs environnementaux défavorables. Ainsi, les dés *in utero* ou dans la petite enfance peuvent malheureusement être pipés. La vie fœtale sera parfois contrariée par l'alcoolisme de la mère ; viendra s'ajouter à l'inclinaison génétique un facteur extérieur synergique. Plus tard, dès la petite enfance, si l'enfant est négligé, rejeté ou abusé psychologiquement ou physiquement, il combinera deux handicaps, l'un génétique et l'autre environnemental, pouvant conduire à développer des réponses impulsives et violentes.

Pourtant, les jeux ne sont pas encore faits. Quittons un instant les humains pour le monde animal. Un mammifère (comme un petit rongeur, disons un rat) présentant à la fois le trait génétique et l'environnement défavorable décrits plus haut deviendra plus agressif. S'il rencontre un adversaire faible et que le combat est victorieux, son système impulsif se verra renforcé, de même que le substrat biologique qui le sous-tend, ce qui se traduira par une expression encore plus faible de la sérotonine. Un effet « boule de neige » s'installera : il transformera la violence en un modèle comportemental pérenne. Transcrit à l'Homme, ce schéma laisse imaginer qu'un enfant qui se bat dans la cour d'école et gagne continuera dans cette voie, s'il présente un bagage génétique et environnemental défavorable. Inversement, il a été aussi montré qu'une défaite chez l'animal réfrénait ce système et limitait l'instauration de ce cercle vicieux.

Le rapport avec le développement du cortex préfrontal et de ses fonctions ? Dès l'enfance, il est possible de détecter des modifications du fonctionnement du cortex préfrontal « chaud »[6]. Par exemple, si l'on montre au cours d'une séance d'IRM fonctionnelle des images représentant des scènes violentes à des enfants présentant ce terrain génétique et environnemental défavorable, ceux-ci activeront moins les zones préfrontales impliquées dans la représentation des valeurs, de l'empathie et de la régulation des émotions. À ce stade, il ne s'agit que de modifications potentiellement réversibles. La structure anatomique n'est pas encore définitivement formée et elle demeure donc plastique.

À l'âge adulte, quand le cortex préfrontal est mature, les anomalies de fonctions sont complétées par des modifications de la structure de l'organe, définitives, elles, ce qui rend les traits de personnalité difficilement réversibles. Ainsi, de nombreuses études ont montré chez des psychopathes violents, ou d'une façon générale chez les personnes présentant un passé de violences répétées, non seulement une baisse du métabolisme dans le cortex préfrontal « chaud », mais aussi et c'est plus alarmant, une réduction franche du volume de ces zones impliquées, par comparaison avec des personnes non violentes [7].

Inscrit sur le sable puis dans le marbre

Quelles leçons et suggestions tirer de cet ensemble de données ? Tout d'abord, que si nous ne bénéficions pas tous d'un même bagage de départ dans la vie, pour l'immense majorité d'entre nous, rien n'est encore joué définitivement : d'autres facteurs et d'autres expériences que nous connaîtrons sont susceptibles d'infléchir le cours des choses. Toutefois, plus ces facteurs extérieurs favorables sont rencontrés tôt, meilleures seront les chances d'une inflexion bénéfique. Quand les mêmes expériences négatives sont répétées inlassablement pendant l'enfance, elles finissent par modifier notre patron comportemental et son substratum biologique qui le contrôle, c'est-à-dire le cortex préfrontal. Celui-ci atteint sa pleine maturité au jeune âge adulte, gravant dans le marbre nos fondations mentales.

Au risque de me répéter, ces résultats soulignent le poids majeur de l'éducation dès la petite enfance. Lutter contre les facteurs aussi défavorables que la parentalité non aimante et détecter les indices de violence (comme les agressions dans les cours d'école) ou d'abus le plus tôt possible est une priorité absolue. Les recherches que je vous ai décrites suggèrent qu'on peut modifier une trajectoire malheureuse dès le plus jeune âge, à la fois en agissant sur les causes environnementales et en favorisant l'« éducation » du cortex préfrontal *via* des exercices sur la mémoire de travail, l'inhibition et la flexibilité.

Il est aussi intéressant de se pencher sur l'enfance plus tardive et sur l'adolescence. Comme tout parent, j'ai constaté un très grand conformisme de groupe. Quand on est jeune, ne faut-il pas adhérer à telle mode vestimentaire, parler telle forme d'argot ou écouter tel type de musique ? De mon point de vue, l'explication est toute trouvée : la même adhérence à l'environnement décrite par François Lhermitte (chapitre 1) chez les patients atteints d'une pathologie préfrontale ! Chez l'adolescent, c'est l'immaturité biologique qui cause la déficience de l'organe. En somme, les adolescents sont des malades qui s'ignorent !

Vous pourriez m'opposer qu'ils ont tendance à se rebeller contre l'autorité parentale. Pas très dociles à cet âge… Je répondrais qu'ils privilégient leur besoin de conformisme vis-à-vis de leurs camarades plutôt qu'envers leurs parents. En d'autres termes, une pression environnementale plus forte, car attractive, en remplace une autre en perte de vitesse. En outre, différentes structures cérébrales se mettent en place avant le cortex préfrontal. C'est le cas des systèmes des émotions – le système limbique – et de la production d'hormones sexuelles – l'axe endocrinien hypothalamo-hypophysaire.

Les émotions et les pulsions émanant de la maturation et de la croissance de ces systèmes ne sont donc pas complètement freinées par le contrôle préfrontal, lui-même en développement. Ainsi, dans des évaluations psychométriques d'inhibition cognitive comme le test de Stroop, les jeunes peinent à réfréner leurs ardeurs (dans le test de Stroop, ils éprouvent plus de difficultés que les adultes à s'empêcher de lire le nom de couleur), même jusqu'à vingt et un ans. Leur frein inhibiteur n'est pas encore complètement efficace. À propos de frein, ces données n'incitent guère à abaisser l'âge légal d'obtention du permis de conduire !

Comme un vieillard en sort

Nous voilà à présent à l'âge adulte, en pleine possession de nos capacités préfrontales. Nous prenons des décisions que nous considérons (quelquefois) comme éclairées, car nous en avons pesé toutes les dimensions dans notre espace de mémoire de travail, tenant compte de nos expériences passées, de nos valeurs et de nos croyances, de leur effet sur les autres et des conséquences à long terme. Nous avons inhibé nos pulsions immédiates et la pression conformiste de l'environnement ; nous avons raisonné, planifié et forgé une solution créative. Nous sommes au maximum de nos capacités préfrontales. Malheureusement avec l'âge, celles-ci commencent à décliner.

Passé « l'âge d'or » du cortex préfrontal, correspondant à la plus grande partie de notre vie d'adulte, le déclin des fonctions frontales intervient inéluctablement et le vieillissement produira sur les fonctions exécutives [8] des effets délétères, démontrés sans ambiguïté par la médecine et la psychologie. En vieillissant, il est plus difficile de se départir de ses habitudes bien ancrées. Ainsi, de nombreuses études montrent une baisse des fonctions exécutives dépendantes du cortex préfrontal, comme la flexibilité mentale. La prise d'initiative est aussi affectée.

Par exemple, une étude australienne a montré qu'un score pathologique à l'âge de 40 ans dans une échelle d'apathie peut être considéré comme normal à 70 ans. De même, l'empathie dans sa forme cognitive (c'est-à-dire la capacité à comprendre les sentiments et les pensées d'autrui) paraît plus fragile chez la personne âgée, par comparaison à des adultes plus jeunes. Heureusement, la perte progressive de notre intelligence « préfrontale », et en particulier de notre flexibilité intellectuelle, est en partie compensée par notre expérience, fruit de décennies d'accumulation de connaissances didactiques et de souvenirs.

Ainsi, nous naissons avec un cortex préfrontal peu formé, qui met plus de deux décennies à atteindre sa pleine maturité, puis nous bénéficions de quelques décennies de « plénitude frontale » durant l'âge adulte, jusqu'à ce que, progressivement, celui-ci subisse un déclin fonctionnel. Je voudrais insister ici sur le fait que le fonctionnement de nos capacités cognitives les plus sophistiquées, dépendantes du cortex préfrontal, fluctue tout au long de la vie, passant du stade *hypo* à *normo* puis de nouveau à *hypo*. Cette variation dans le cycle de la vie d'un individu m'amène au concept que je nomme « frontalité », l'idée que les fonctions du cortex préfrontal varient selon plusieurs dimensions.

En effet, elles évoluent non seulement selon les moments de notre existence, mais aussi chez une même personne selon les circonstances, les milieux sociaux et les cultures, comme nous le verrons un peu plus loin. Par ailleurs, nous ne sommes pas tous égaux quant au contrôle de l'impulsivité, aux capacités d'abstraction ou de planification, dans notre façon d'anticiper l'avenir, etc. Cette inégalité participe à la diversité des comportements humains et à l'acceptation normative de ceux-ci et, par conséquent, à la difficile mise en évidence de la pathologie du cortex préfrontal. En effet, si l'on accepte cette « frontalité » à géométrie variable, à quel endroit faut-il mettre le curseur pour indiquer qu'un comportement est anormal et relève d'un dysfonctionnement du cortex préfrontal ?

La force des capacités frontales varie de fait d'un individu à l'autre. Par exemple, les joueurs de casino invétérés ou les personnes dépendantes de substances addictives ont une moins forte activation des régions du cortex préfrontal « chaud » impliquées dans la motivation. Les personnes les plus anxieuses ou subissant à un moment une dépression vont aussi voir se modifier, au moins temporairement, le fonctionnement de leur cortex préfrontal. Il en est de même pour les troubles du sommeil ou la prise de psychotropes qui affectent les fonctions préfrontales.

Un élève survolté

Le contexte social et les interactions humaines sont d'autres dimensions modulant notre « frontalité ». Par exemple, dans une famille bourgeoise, au cours d'un dîner « en ville », un homme qui avait soif, au lieu de demander la carafe d'eau à sa voisine, passa sa main au-dessus de son assiette pour saisir la bouteille. Ce comportement anodin fut considéré par son épouse comme le premier signe de la maladie neurodégénérative qui affecta son cortex préfrontal. Pourtant, le même geste, en famille et au domicile (prendre la carafe en passant au-dessus de l'assiette de l'un de ses enfants) n'aurait pas suscité le même étonnement. Les règles sociales, la nature des croyances, voire la façon dont on raisonne ou on manipule l'abstraction fluctuent grandement selon les milieux sociaux ou les civilisations. L'activation ou le relâchement du cortex préfrontal dépend en somme des règles sociétales.

Son efficacité oscille également au sein d'une même journée. Songeons à ces cadres supérieurs au Japon, dans le contrôle extrême au travail et qui se lâchent à la sortie du bureau, tellement ivres qu'ils ne sont pas en mesure de rejoindre leur domicile et préfèrent terminer leur nuit dans ces « hôtels capsule » qui font fureur dans l'archipel. En outre, plus la pression que nous subissons de la part de notre environnement est élevée, plus le cortex préfrontal aura du mal à la contenir. En groupe, nous devenons des moutons de Panurge, diluant notre volonté individuelle dans la dynamique de masse. Rappelons-nous les discours survoltés de Hitler galvanisant les masses ou, moins dramatiquement, l'hystérie collective gagnant les foules lors des grandes victoires sportives.

L'exemple le plus frappant de la perte du contrôle sous l'influence du plus fort est la fameuse expérience de Milgram en 1963, connue sous le nom d'« étude de l'obéissance à l'autorité [9] ». Elle visait à définir les déterminants poussant un individu à se soumettre à l'autorité, puis à obéir indéfectiblement. Menée à l'université de Yale, elle est difficilement envisageable telle quelle de nos jours par son apparente cruauté. Voici comment elle se présentait.

De jeunes volontaires rémunérés, désignés comme des « enseignants », doivent faire mémoriser une liste de mots à un « étudiant » (en réalité un acteur), assis sur une chaise prétendument électrique, de l'autre côté d'une cloison de verre. Lorsque ce dernier commet une erreur, son tuteur doit lui infliger, en poussant des manettes, un choc électrique allant crescendo à chaque nouvelle bévue. À côté de lui se tient « l'expérimentateur » (un autre acteur) revêtu d'une blouse et représentant l'autorité. À chaque erreur punie d'une décharge électrique, l'élève simule une douleur, de plus en plus insoutenable du fait de l'augmentation attendue du voltage à chaque choc. Puis, à un certain niveau de tension électrique, l'élève annonce qu'il ne répondra plus. Alors reste un dernier choc de 450 volts dont la dangerosité est clairement stipulée.

À quelque étape que ce soit, si l'« enseignant » hésite à infliger la punition, l'« expérimentateur » interviendra de façon progressive en indiquant qu'il ne sera pas tenu pour responsable des conséquences subies par l'élève. Si cela est insuffisant pour rassurer le premier, le second insistera en quatre phases, allant de « Veuillez continuer, s'il vous plaît » à « Vous devez continuer, vous n'avez pas le choix ». L'expérience, poussée à son paroxysme, se termine par l'absence de réponse de l'élève et, celle-ci étant considérée comme une erreur, par trois chocs électriques consécutifs de 450 volts.

Dans sa forme originale, tous les participants acceptèrent de délivrer au moins un choc électrique et près des deux tiers d'entre eux validèrent les trois chocs de 450 volts. Tous ont exprimé des hésitations ou de la nervosité, mais tous se sont soumis aux encouragements et aux pressions de l'« examinateur ». Le cortex préfrontal de l'un impose sa volonté au cortex préfrontal de l'autre. Cela montre qu'en situation de forte pression exercée par l'environnement (dans le cas présent l'autorité), la capacité de résistance varie entre individus. Ainsi, nous ne sommes pas égaux en termes d'aptitudes frontales. Cela pourrait-il expliquer d'un côté l'esprit critique et l'indépendance et, de l'autre, le conformisme et la soumission ? L'expérience ne vous rappelle-t-elle pas les comportements d'adhérence à l'environnement que présentait Marc, le patient décrit dans l'introduction ?

Nounours un jour, nounours toujours

Jeune enfant, je ne pouvais résister aux oursons gélatineux recouverts de chocolat. Je les achetais dans la boulangerie de mon quartier et les engloutissais le soir dans mon lit. Quelques visites chez le dentiste pour des caries et diverses rages de dents n'ont pas réprimé mon vice. La mémoire de travail, l'inhibition et la flexibilité mentale n'étaient guère efficaces. Plus tard, toujours enfant, je mangeais moins de friandises et je n'oubliais pas de me brosser les dents dans la perspective ultérieure d'éviter l'effrayante roulette du praticien et, pire encore, les leçons de morale de ma mère. Je bénéficiais de meilleures capacités de représentation de mon devenir, d'une plus grande aptitude à dominer mes pulsions et de la possibilité de m'adapter à une idée abstraite, difficile à comprendre : rester en bonne santé… dans le futur. Adolescent, j'abandonnais (momentanément) les oursons enrobés, car, coopté par le groupe et par conformisme, je préférais fumer.

Aujourd'hui, en tant qu'adulte, je ne mange plus de nounours et je ne fume plus, car mon cortex préfrontal est au sommet de sa gloire. Quoique. Au supermarché, je ne peux m'empêcher de passer devant les ours en chocolat et quelquefois, je craque. Mais attention, je n'en mange qu'une fois seul, caché du regard de mes congénères qui ne trouveraient que moqueries devant ma faiblesse préfrontale. Je ne doute pas que lorsque j'aurai franchi le cap des 70 ans, mon plaisir coupable d'enfant remontera plus fréquemment à la surface (sauf si je n'ai plus de dents). Il sera temps de commencer à dire adieu aux fabuleux pouvoirs de contrôle de mon cerveau.

Et d'ouvrir un sachet de nounours.

CONCLUSION

Liberté chérie

Pourquoi écrire un livre de vulgarisation sur les incroyables pouvoirs du cortex, si ce n'est pour satisfaire la curiosité scientifique des lecteurs ? En réalité, il y a une autre raison plus fondamentale : aucune des décisions ou des actions cruciales de votre vie passée n'aurait pu aboutir ou échouer sans les étonnantes capacités du cortex préfrontal. La lecture de cet ouvrage vous permettra-t-elle dans le futur d'éviter que vous-même ou votre descendance ne reproduisiez les mêmes erreurs ? Certes non ! Il ne s'agissait pas, au fil des pages, de vous prodiguer des conseils ou d'assurer votre épanouissement personnel, mais plutôt d'éclairer la façon dont nos comportements émergent à titre individuel ou collectif, et comment ils s'inscrivent dans l'évolution de la vie depuis l'aube des temps.

Évidemment, comprendre les pouvoirs du cortex préfrontal, c'est aussi entrevoir de nouvelles perspectives pour l'éducation de nos enfants et pour la bonne marche de nos sociétés. Mais plus que tout autre chose, c'est réaliser qu'en dépit des immenses contraintes qui pèsent sur nous et les limites de notre fonctionnement mental, nous bénéficions d'une marge de manœuvre. Le cortex préfrontal, un organe mûri sur le tard et aux capacités impressionnantes quoique imparfaites et non infinies, est malgré tout notre émancipateur. L'idée conclusive de cet ouvrage est de cheminer progressivement de la matière cérébrale vers le concept de liberté.

L'organe de la liberté

D'un point de vue biologique, la notion de liberté comme principe absolu est un mirage qui s'estompe devant la réalité. En effet, nous sommes assujettis de toutes parts : par nos sens, qui induisent des biais cognitifs, par nos croyances, nos préjugés ou nos pensées stéréotypées. Plus encore, nous sommes en partie esclaves de nos pulsions archaïques issues des milliards d'années d'évolution de la vie sur cette planète. Suivre ses pulsions est sans aucun doute bénéfique d'un point de vue primitif, puisque notre survie élémentaire en dépend. Toutefois, ce réflexe nous aliène aussi : ne sommes-nous pas alors soumis au fonctionnement de nos viscères ?

Notre environnement naturel nous contraint de surcroît, nous poussant telles les feuilles sous le vent.

Il nous oblige à nous adapter aux règles physiques de la vie terrestre – nous sommes de fait dépendants de la pesanteur, du taux d'humidité, de la température extérieure et de mille autres choses. Et que dire des forces imposées par les communautés humaines nous entraînant au gré des événements de la petite et de la grande histoire ? Plus organiquement, nous sommes contraints par les limites mêmes de notre matière cérébrale, ses règles, ses principes de fonctionnement et son caractère fini.

Nous ne pouvons pas penser différemment de la façon dont les humains pensent. Pourtant, le cortex préfrontal nous distingue des autres animaux dans la mesure où son existence nous sert à briser le cycle automatique « perception – action ». Il aménage dans cet interstice temporel un espace où se côtoient nos expériences, nos objectifs et les actions que nous entreprenons pour réaliser ceux-ci. Grâce à lui, nous délibérons en tenant compte du passé, du présent et du futur. C'est peut-être cela qu'Aristote nomme le « libre arbitre ».

Enfin, l'avenir nous offre une perspective fascinante. La nature même du cortex préfrontal a évolué à travers les âges préhistoriques, nous gratifiant d'une pensée abstraite et du langage. Plus nos capacités d'abstraction s'accroissaient, plus le cortex préfrontal se développait et inversement. Et si ce cycle vertueux se poursuivait ? Et si l'évolution biologique de notre cerveau continuait et nous amenait vers des cimes inconnues ? Les pouvoirs de notre cerveau flirteraient avec un impossible, qu'aucune œuvre de science-fiction n'a encore jamais imaginé. Un jour peut-être, l'Homme que nous connaissons ne sera qu'un lointain souvenir et son espace de conscience se sera étendu à un point que nous ne pouvons pas à présent appréhender. Alors les vers du poète Paul Éluard définiront peut-être l'espèce humaine : « Je suis né pour te connaître / Pour te nommer / Liberté. »

ANNEXES

CASTING (GLOSSAIRE)

Aire de Broca : c'est une zone du cortex préfrontal, située dans l'hémisphère dominant (à gauche en général chez un droitier), impliquée dans l'expression du langage. Elle participe à la fabrication des mots à partir des syllabes et des phrases à partir des mots. C'est une région de planification et d'organisation d'une pensée traduite en mots, mais pas encore en l'action motrice qui consiste à parler. Pour cela, elle transfère cette pensée verbale vers une zone située juste en arrière – le cortex prémoteur – qui organise la séquence de contractions des muscles assurant l'expression. Lorsque l'aire de Broca et les zones alentour sont détruites, des troubles de l'expression apparaissent, allant du mutisme à des difficultés plus légères comme l'agrammatisme (parler en langage télégraphique en simplifiant ou en omettant par exemple les conjonctions et les pronoms : « Manger pain chocolat » pour « Je mange le pain au chocolat »). Cette forme de trouble « expressif » du langage se nomme communément « aphasie de Broca ».

Aire de Wernicke : région du cortex cérébral située dans la partie postérieure et latérale du lobe temporal de l'hémisphère dominant. Elle décode le langage pour lui donner un sens. Pour cela, elle se situe dans une partie du cerveau à l'interface des cortex qui décodent les sons et les transforment en ondes vocales, de ceux qui décodent la forme visuelle des mots et de ceux qui donnent accès aux lexiques des mots et à leur sens. La destruction de l'aire de Wernicke et des zones alentour produit un trouble massif de la compréhension orale et écrite appelé « aphasie de Wernicke ». Les messages verbaux n'étant plus décodés, cette aire transmet aux zones d'expression situées dans le cortex préfrontal (aire de Broca, notamment) un signal « distordu » qui se traduit par un langage parlé et écrit tenant d'un jargon incompréhensible pour l'auditeur ou le lecteur.

Anosognosie : c'est l'absence ou l'amoindrissement de prise de conscience du fait d'être atteint par des troubles cognitifs ou du comportement. Ce n'est pas une maladie mais un symptôme relevant d'une atteinte de structures cérébrales impliquées dans l'état de conscience, en particulier le cortex préfrontal. Elle est quasi constante dans la dégénérescence lobaire fronto-temporale et très fréquente dans la maladie d'Alzheimer.

Anoxie cérébrale : arrêt de l'afflux d'oxygène dans le tissu cérébral, entravant la respiration cellulaire. L'oxygène est apporté aux cellules par l'irrigation sanguine et en particulier par les globules rouges circulant dans la vascularisation artérielle. Si le cerveau n'est plus irrigué au-delà de quelques minutes – par exemple si, au cours d'un arrêt cardiocirculatoire, le cœur ne repart pas rapidement ou efficacement –, les cellules nerveuses peuvent mourir et laisser place à de la nécrose puis à un tissu cicatriciel ou à une cavité remplie de liquide céphalorachidien. Au sein du cerveau, certaines zones sont plus sensibles que d'autres à l'anoxie cérébrale. C'est le cas des ganglions de la base ou des hippocampes. Dans ces cas, l'anoxie est susceptible de laisser des séquelles définitives, sous la forme d'une apathie majeure (la « perte d'auto-activation psychique ») ou de troubles de la mémoire épisodique.

Anxiété de performance : il s'agit d'une inquiétude excessive, voire pathologique, qui s'exprime dans la réalisation d'une tâche soumise au jugement de l'autre (ou perçue comme telle). C'est le trac ou l'appréhension de se sentir jugé. Quand elle est pathologique, elle appartient à la classe des phobies sociales et peut avoir un retentissement majeur sur les apprentissages, la réussite professionnelle ou l'insertion sociale.

Apathie (définition médicale) : état comportemental d'inactivité et d'inertie dû à l'incapacité de générer des pensées et des actions volontaires dirigées vers un but. Il s'agit du trouble du comportement le plus fréquent en neurologie et en psychiatrie. Il est le reflet de la destruction ou du dysfonctionnement des réseaux cérébraux élaborant et contrôlant l'action volontaire, c'est-à-dire principalement le cortex préfrontal mais aussi les structures « vassales » de celui-ci : les ganglions de la base, avec lesquels le cortex préfrontal est connecté de façon privilégiée.

Apprentissage par renforcement : c'est la forme la plus classique d'apprentissage, par tâtonnement, reposant sur la récompense et la punition, ces notions étant entendues au sens large. Par exemple, la non-réception d'une récompense attendue et la frustration qui en résulte peuvent être considérées comme une punition. Ce mécanisme d'apprentissage repose sur un ensemble de structures cérébrales avec, en son centre, le cortex préfrontal « chaud » ventromédian, un noyau des ganglions de la base nommé *striatum ventral* et un neurotransmetteur, la dopamine. Celle-ci est produite en bouffées (ce que l'on appelle l'activité phasique), par exemple au tout début d'un apprentissage, et signale l'erreur de prédiction, c'est-à-dire la différence entre ce qui est attendu et ce qui survient. Cela permet de modifier le comportement à l'essai suivant. Au fil de l'apprentissage, l'erreur de prédiction étant de moins en moins présente, la sécrétion phasique de dopamine diminue pour disparaître une fois l'apprentissage totalement accompli.

Cellules gliales : il s'agit de plusieurs sous-types de cellules présentes dans le système nerveux. Elles sont différentes des neurones car elles ne participeraient pas directement aux fonctions cérébrales comme la motricité, la perception ou la cognition. Ce sont des cellules de soutien dont les fonctions sont de charpenter le système nerveux et de protéger les neurones. Toutefois, au cours des dernières années, la vision du rôle de ces cellules a évolué. Il semblerait que certaines d'entre elles (les astrocytes, en particulier) participent plus directement aux fonctions cérébrales, en agissant sur la neurotransmission.

Cognition sociale : elle désigne l'ensemble des aptitudes cognitives permettant d'interagir de façon adaptée avec d'autres individus. Cela inclut l'empathie mais aussi un grand nombre d'autres fonctions cognitives comme la mémoire, la perception ou le raisonnement.

Comportements d'adhérence à l'environnement : comportements en réponse à une attitude engageante de l'examinateur qui, sans que celui-ci ne le demande, induisent chez le patient la préhension de ses mains, l'imitation de ses gestes, l'amassement d'objets et l'utilisation de ceux-ci. Ils témoignent de l'incapacité du patient à résister à la pression que l'examinateur exerce sur lui. Ils reflètent une baisse d'efficacité du contrôle de soi et des quelques degrés de liberté que l'on peut exercer sur nous-même pour limiter l'influence de l'environnement sur notre volonté d'agir. Ils n'apparaissent que lorsque le cortex préfrontal est déficient. Ils ont été décrits pour la première fois par le Pr François Lhermitte en 1986.

Confusion mentale (définition médicale) : trouble léger de la vigilance entraînant une incapacité à fixer et à maintenir son attention. Cela se manifeste, entre autres, par des troubles du cours de la pensée, celle-ci devenant incohérente et produisant des comportements inadaptés (une agitation par exemple). Cet état est une urgence médicale et ses causes sont très nombreuses.

Cortex cérébral : partie superficielle des hémisphères cérébraux, composée de plusieurs couches de neurones. Le cortex le plus récent dans l'évolution des espèces est fait de six couches de neurones. On peut considérer que le cortex est le centre principal du fonctionnement conscient et volontaire et permet la pleine réalisation de la vie de l'Homme dans ses dimensions perceptives, motrices, cognitives et émotionnelles.

Cortex moteur primaire : c'est la partie la plus postérieure des lobes frontaux. C'est la zone de l'action qui transmet, par l'intermédiaire de la moelle épinière et ensuite des nerfs, l'influx nerveux aux muscles et autorise leur contraction. Aucune action volontaire ne peut se produire si le cortex moteur primaire est détruit.

Cortex préfrontal : c'est la partie antérieure du cortex cérébral. Il représente environ un tiers de la masse cérébrale et, de toutes les espèces animales, c'est dans l'espèce humaine qu'il est le plus développé proportionnellement au reste du cerveau. Pour ce qui est de ses fonctions : lisez ce livre !

Cortex préfrontal « chaud » ou « bas » : ces termes ne sont pas utilisés en médecine et en science. Il s'agit de même d'une simplification visant à définir une grande région anatomique comprenant les cortex préfrontaux orbitaire et ventromédian. Le terme « bas » indique que, si l'on regarde un lobe frontal « de face », et que l'on trace une ligne horizontale coupant le cortex préfrontal en deux, on désigne par « bas » sa partie inférieure. Ces zones du cortex préfrontal sont essentielles pour réguler les émotions et les états internes (système végétatif), pour la motivation et les interactions sociales.

Cortex préfrontal « froid » ou « haut » : ces termes ne sont pas utilisés en médecine et en science. Il s'agit d'une simplification exploitée dans cet ouvrage pour définir une grande région anatomique comprenant les cortex préfrontaux dorsolatéral, ventrolatéral et dorsomédian. Le terme

« haut » indique que, si l'on regarde un lobe frontal « de face », et que l'on trace une ligne horizontale coupant le cortex préfrontal en deux, on désigne par « haut » sa partie supérieure. Ces zones du cortex préfrontal sont essentielles pour des processus cognitifs comme la flexibilité mentale, l'inhibition, la mémoire de travail, la planification, le raisonnement ou l'abstraction.

Cortex prémoteur : situé dans les lobes frontaux, juste en avant de l'aire motrice primaire. C'est dans cette zone que les séquences d'actions sont programmées avant d'être transmises au cortex moteur primaire.

« Démence frontale » ou « dégénérescence lobaire fronto-temporale » ou encore « maladie de Pick » : ces termes synonymes désignent une entité clinique dont la principale manifestation est l'apparition insidieuse de troubles du comportement, fruit d'une modification en profondeur du caractère et de la personnalité. La cause est une dégénérescence des neurones situés surtout dans le cortex préfrontal, touchant des personnes le plus souvent autour de 50-60 ans et une fois sur trois, secondaire à une anomalie génétique transmise de génération en génération.

Démence sémantique : perte progressive des connaissances sémantiques due à une maladie neurodégénérative. Le plus souvent c'est une forme clinique de la dégénérescence lobaire fronto-temporale mais elle peut aussi, plus rarement, être due à une maladie d'Alzheimer.

Électrophysiologie : étude de l'activité électrique, dans le cas présent appliquée au système nerveux et en particulier au cerveau. Elle passe par des électrodes appliquées sur le cuir chevelu – c'est l'électroencéphalographie (EEG) –, ou bien dans le cerveau à l'aide d'électrodes implantées dans les régions cérébrales étudiées. Il est possible d'enregistrer l'activité d'un seul neurone grâce à une électrode positionnée au contact du neurone : c'est l'enregistrement cellulaire unitaire extracellulaire (*extracellular single-cell recording*).

Empathie : capacité à s'identifier à autrui dans ce qu'il ressent. Il existe deux composantes, l'une affective, qui permet de ressentir émotionnellement, et l'autre cognitive, qui permet d'adopter intellectuellement le point de vue d'autrui. L'empathie n'est ni la sympathie ni la bienveillance.

Fonctions exécutives : ce sont les fonctions cognitives permettant d'élaborer, de planifier, d'initier et d'exécuter un comportement volontaire dirigé vers un but. Elles dépendent d'un large réseau de structures cérébrales dont le « cœur » est le cortex préfrontal. En effet, sans son intégrité, ces fonctions sont déficientes.

Ganglions de la base : il s'agit d'un ensemble de noyaux (groupes de neurones) situés dans la profondeur des hémisphères cérébraux. On peut les voir comme partie intégrante d'une chaîne (d'un circuit cérébral) faite de plusieurs maillons reliés de façon fermée au cortex préfrontal. Ils sont constitués de plusieurs éléments dont le striatum, le pallidum et le thalamus (liste non exhaustive). Il s'agit donc d'un ensemble intégré à une boucle *cortex préfrontal-striatum-pallidum-thalamus-cortex préfrontal.* En quelque sorte, les ganglions de la base forment un ensemble fonctionnel avec le cortex préfrontal, que l'on pourrait nommer *système frontal.*

Hémisphère dominant : c'est l'hémisphère qui contribue le plus au langage chez un individu donné. Chez les droitiers, il est représenté par l'hémisphère gauche. Chez les gauchers, la dominance hémisphérique est théoriquement droite mais elle est souvent moins marquée, les fonctions du langage étant mieux réparties entre les deux hémisphères. L'hémisphère dominant donne aussi la latéralité motrice dominante (être gaucher ou droitier).

Hippocampes : la mémoire épisodique fait intervenir un vaste réseau de régions cérébrales, parmi lesquelles les hippocampes. Ces petites zones se trouvent dans les replis internes des deux lobes temporaux. Ce sont les moteurs d'enregistrement, comme le bouton rouge « enregistrer » de l'appareil photo de votre smartphone. Une fois capté, notre souvenir est représenté dans l'immense toile d'araignée de nos connaissances. L'hippocampe est habituellement l'une des premières structures cérébrales touchées dans la maladie d'Alzheimer, ce qui explique les difficultés qu'ont les patients à enregistrer de nouvelles informations.

Hypothalamus : structure de la profondeur du cerveau formée de plusieurs compartiments (noyaux) impliquée dans les fonctions endocriniennes – mobilisant des hormones – telles que la faim, la soif, la régulation de la température corporelle ou la reproduction. Elle fonctionne de pair avec la glande hypophyse avec laquelle elle est directement reliée. L'hypothalamus est en quelque sorte le lien entre le système nerveux et le système endocrinien.

Liquide céphalorachidien : liquide dans lequel baigne le système nerveux central (le cerveau et la moelle épinière). Il protège le cerveau des agressions externes et équilibre la pression intracrânienne par sa circulation dans des cavités situées à l'intérieur, appelées « ventricules ».

Lobes frontaux (gauche et droit) : c'est la partie antérieure des hémisphères cérébraux. La limite arrière est au contact des lobes pariétaux et temporaux. La plus grande partie de la surface des lobes frontaux est occupée par le cortex préfrontal.

Mélancolie : en médecine, ce terme ne désigne pas le « spleen » de Baudelaire mais la forme la plus sévère de la dépression. Tous les signes de la dépression sont exacerbés, notamment la douleur morale, le sentiment de culpabilité et le risque de suicide. Quelquefois, cela peut s'accompagner de délires et/ou d'un état stuporeux.

Mémoire de travail *:* c'est un ensemble de processus mentaux qui nous permettent de maintenir et de manipuler des représentations internes (verbales ou imagées) dans le but d'effectuer l'action à venir. Sa finalité n'est pas la mémorisation à long terme mais l'action : c'est la mémoire pour agir. Sans mémoire de travail, les grandes fonctions intellectuelles comme maintenir son attention, calculer mentalement, réfléchir, prendre une décision, planifier, raisonner, abstraire, comprendre et articuler une pensée seraient impossibles ou extrêmement limitées.

Mémoire épisodique : mémoire des épisodes de notre vie. C'est la forme de mémorisation qui nous sert à transformer un moment vécu en souvenir durable, puis à se le remémorer des jours, des mois ou des années après. Chaque épisode se déroulant à un moment donné, dans un lieu donné et dans un état émotionnel particulier, ce contexte vécu reste associé au souvenir.

Mémoire procédurale : c'est une forme de mémorisation non consciente qui consiste, par la répétition, à acquérir une procédure appelée à devenir automatique, que celle-ci soit motrice (comme pédaler à vélo) ou cognitive (comme apprendre à se servir d'un traitement de texte).

Méthodes d'imagerie par résonance magnétique (IRM) : l'IRM est un examen d'imagerie qui utilise un aimant puissant et des champs magnétiques. L'aimant confère des propriétés magnétiques aux atomes du corps et en particulier à l'hydrogène. Les champs magnétiques produits par l'appareil modifient les propriétés magnétiques des atomes d'hydrogène contenus dans les molécules d'eau de notre corps. Lorsque ces propriétés magnétiques reviennent à l'état d'origine (phase de relaxation), un signal est émis et détecté sous forme d'onde électromagnétique. Selon la composition de la matière, ce signal sera différent, permettant d'identifier les différentes structures du cerveau et les éventuelles anomalies. Cet examen donne donc accès à l'anatomie du cerveau avec une très bonne résolution et, dans une certaine mesure, à la composition des tissus. À partir de ce principe, il a été possible de développer des techniques permettant d'analyser les variations de signal liées à l'activité cérébrale au repos ou lors d'une tâche comportementale : c'est l'IRM fonctionnelle (IRMf). Il est aussi possible d'étudier, grâce à une technique dite d'IRM de diffusion, l'organisation des voies de connexion (les faisceaux de fibres nerveuses) entre les différentes parties du cerveau : c'est la « tractographie ». De nombreuses innovations méthodologiques ont eu lieu au cours des dernières décennies, laissant envisager bien d'autres développements de l'IRM.

Myéline : il s'agit d'une gaine isolante des prolongements des neurones (les axones) faite d'un tissu organique produit par certaines cellules gliales (les oligodendrocytes et les cellules de Schwann) qui s'enroulent autour des axones. La myéline protège le neurone et accroît la vitesse de conduction de l'influx nerveux.

Neurones de délai : ce sont des neurones, que l'on trouve en grande quantité dans le cortex préfrontal froid (mais pas uniquement) des primates, qui maintiennent leur activité électrique sur une durée nommée délai dans des tâches comportementales appelées les « épreuves de réponses différées ». La phase de délai est précédée d'une étape de présentation d'un stimulus « cible », par exemple une tache lumineuse dans un coin d'un écran. Durant la période de délai, la tache a disparu. À son issue, l'animal doit effectuer un mouvement oculaire vers l'endroit où se trouvait la tache alors que celle-ci ne figure plus à l'écran. Les neurones de délai sont actifs pendant une phase du comportement pendant laquelle il ne se passe rien. Ils font le pont entre le passé et le futur. Ils sont l'expression concrète de l'espace mental de représentation dans lequel sont maintenues et manipulées les images, les mots, les chiffres dont nous avons besoin pour préparer nos comportements futurs. C'est donc la traduction à l'échelle de la cellule du concept psychologique de mémoire de travail.

Neurones miroirs : au sens strict, neurones qui ont la particularité d'être activés lors de l'observation d'un geste réalisé par un autre individu. Ils ont été mis en évidence pour la première fois en 1989 par Giacomo Rizzolatti et son équipe (université de Parme) [1] chez le singe rhésus, dans une région cérébrale appelée cortex prémoteur qui prépare les gestes à venir. Depuis lors, ils ont été observés dans d'autres régions du cerveau. Les neurones miroirs sont révélés par l'enregistrement direct de neurones. Or, chez l'Homme, aucune étude n'a été faite à l'échelle du neurone mais uniquement par l'imagerie cérébrale qui se cantonne à l'étude de régions du cerveau contenant des millions de neurones. C'est pourquoi, par extension, à l'échelle d'une région, on parlera de « système des neurones miroirs ».

Paraphasie : production anormale du langage qui consiste en une transformation ou une substitution des mots. Les paraphasies phonémiques affectent les phonèmes (l'équivalent d'une syllabe pour la langue française) par exemple, une omission, une inversion, ou une distorsion (« lomotive », « colomotive » ou « lomorbotibe » pour « locomotive »). Les paraphasies sémantiques sont des substitutions d'un mot par un autre, soit dans le même champ sémantique (« voiture » pour « camion »), soit en dehors (« lion » « camion »).

Perte d'auto-activation psychique : il s'agit d'un état chronique d'apathie majeure, dans lequel les patients n'initient aucun comportement volontaire spontanément. Sur forte incitation, ils peuvent néanmoins agir. Dominique Laplane, qui a décrit ce trouble, proposait qu'il fût secondaire à l'absence de pensée arrivant au niveau de la conscience. Pas de pensée, pas d'action volontaire. La cause la plus fréquente de cet état est un arrêt d'afflux d'oxygène dans les ganglions de la base, entraînant une destruction de certaines parties de ceux-ci. Or, comme ces structures sont fortement connectées au cortex préfrontal, ces lésions entraînent un hypofonctionnement massif du cortex préfrontal. La non-oxygénation des ganglions de la base peut résulter d'un arrêt cardiocirculatoire, d'un accident vasculaire cérébral ou d'une intoxication au monoxyde de carbone (chaudières ou cheminées défectueuses).

PET-Scanner (pour *Positron Emission Tomography*) : technique radiologique utilisant des rayons X au cours de laquelle on injecte par voie intraveineuse un traceur rendu radioactif et donc détectable. Toutes sortes de traceurs sont employés, par exemple du glucose radiomarqué. Le glucose étant consommé par les cellules pour fournir de l'énergie et assurer leur fonctionnement, un PET-scanner au F18-fluorodésoxyglucose (glucose radiomarqué) servira à suivre le glucose jusqu'au tissu cérébral. Si une région est mal irriguée, détruite ou fonctionne moins bien, elle captera moins de glucose radiomarqué et cela indiquera que son métabolisme est pathologiquement diminué. C'est donc une technique dont l'objectif est de vérifier le fonctionnement d'un organe ou d'une région du cerveau (sans voir les lésions qui, elles, sont visibles grâce à une autre technique radiologique comme l'IRM).

Pôle frontal : partie la plus en avant du cortex préfrontal. Elle se situe derrière le front. C'est la région des lobes frontaux qui s'est le plus développée chez l'humain par comparaison aux autres espèces de primates. Elle est associée aux aptitudes cognitives de plus haut niveau. Aussi appelé cortex fronto-polaire ou cortex préfrontal rostral (rostral = antérieur).

Potentiel d'action : c'est l'influx électrique qui modifie l'état biologique d'une cellule, dans le cas présent d'un neurone. Cet événement de très courte durée (quelques millisecondes) correspond à une augmentation du potentiel électrique du neurone, dite dépolarisation, suivie d'une période d'hyperpolarisation pendant laquelle la cellule est incapable d'induire d'autres potentiels d'action. Cet influx électrique peut se propager d'un neurone à l'autre via le prolongement du neurone, appelé axone, jusqu'à la jonction (la synapse) le connectant au neurone suivant. C'est l'événement/la séquence électrique élémentaire permettant aux neurones de transmettre un signal dans un réseau de neurones. Le courant électrique résultant entraîne des modifications moléculaires dans les neurones (par exemple, la production ou le relâchement de neurotransmetteurs). Si les potentiels d'action se répètent très fréquemment, ils sont aussi susceptibles d'entraîner des modifications structurelles du réseau de neurones (c'est l'un des principes de la mémorisation).

Prosopagnosie : difficulté à identifier les visages. Elle se produit lorsque des lésions affectent les zones visuelles du cerveau décodant ou stockant les attributs caractéristiques des visages.

Réseau de saillance : c'est un réseau neuronal, c'est-à-dire qu'il est constitué de différentes parties du cerveau reliées entre elles par des voies de connexion. L'un des nœuds de ce réseau se situe sur la face interne du cortex préfrontal. Un type particulier de neurones préfrontaux, seulement présents chez quelques espèces animales (en particulier les grands primates), les neurones de von Economo, constitue les nœuds de ce réseau au sein du cortex préfrontal. Le rôle fonctionnel du réseau de saillance est de mettre en exergue (focaliser son attention) sur les stimuli externes ou internes les plus pertinents. En les rendant « saillants », ce réseau permet de les traiter en priorité.

Sérotonine : il s'agit d'un neurotransmetteur présent dans notre cerveau. Il est fabriqué par des neurones situés dans les noyaux du raphé, une petite région du tronc cérébral (partie basse du cerveau) puis circule dans les prolongements des neurones qui le synthétisent pour atteindre les neurones de nombreuses régions du cerveau, dont le cortex préfrontal. Une fois arrivée dans une région du cerveau (par exemple le cortex préfrontal), la sérotonine est larguée dans l'espace entre la terminaison du prolongement du neurone qui vient de la transporter et les neurones locaux. Ceux-ci expriment à leur surface des récepteurs captant spécifiquement la sérotonine. Il existe sept sous-types de récepteurs, chacun entraînant une activation différente des neurones. La sérotonine module des circuits cérébraux impliqués dans l'anxiété, l'impulsivité, la douleur, le cycle veille-sommeil, la motricité, la thermorégulation. Une classe de médicaments, les inhibiteurs de la recapture de la sérotonine (augmentant donc la quantité de sérotonine disponible pour les neurones post-synaptiques), a une indication dans le traitement, entre autres, de la dépression.

Synapse : c'est la zone de jonction entre deux neurones ou entre un neurone et un autre type cellulaire (par exemple une cellule musculaire). Cette interface assure le relais de messages électriques (le potentiel d'action) et de messages chimiques via les neurotransmetteurs (acétylcholine, dopamine, noradrénaline, sérotonine, glutamate, GABA, etc.). L'espace entre deux neurones est appelé « fente synaptique ». Dans un réseau de neurones, il existe donc des neurones pré et post-synaptiques.

Système limbique : réseau de structures cérébrales connectées entre elles, dédié à la perception, l'identification, l'élaboration et le contrôle des émotions, des affects, de l'humeur et de la motivation. Chaque structure apporte sa valeur ajoutée au fonctionnement du réseau. Au sein de ce dernier, le cortex préfrontal « chaud » (c'est-à-dire les cortex orbito-ventral et ventromédian) participe à la mobilisation adéquate des émotions pour l'action volontaire, mais assure aussi la construction, en fonction du contexte, de valeurs attribuées à chaque action et contribue à former notre empathie et à ajuster nos comportements sociaux. Parmi les autres structures qui appartiennent au système limbique, citons les noyaux amygdaliens (ceux du cerveau, pas de la gorge), le noyau accumbens (appelé aussi striatum ventral) et le système de fabrication de la dopamine, que l'on appelle la substance noire (*locus niger*).

Système neural monétaire unique (*Extended common neural currency*) : système permettant de comparer la valeur de différentes récompenses (abstraites ou concrètes) ou d'actions sur une échelle commune, ce qui est essentiel pour guider la prise de décision dans des contextes différents. Le codage de la valeur commune repose sur l'activité de neurones dans une partie du cortex préfrontal « chaud », le cortex préfrontal ventromédian.

Système végétatif : c'est un réseau de structures nerveuses, organisé du corps vers le cerveau et du cerveau vers le corps, qui régule le fonctionnement d'un certain nombre d'organes internes (par exemple la contraction du tube digestif, la fréquence cardiaque, la fréquence respiratoire, la salivation, la sudation, la faim, la soif).

Test du miroir (de Gallup) : ce test vise à déterminer si un animal est capable de reconnaître son image dans un miroir. Pour cela, une tache de couleur, non odorante, est placée sur une partie de l'extrémité céphalique (une oreille pour un éléphant par exemple) de l'animal à qui un miroir est ensuite présenté. Si celui-ci se reconnaît, il réagira, de façons diverses selon les espèces. La preuve la plus tangible est la tentative d'atteindre la marque. Ce test est proposé pour déterminer le degré de conscience de soi, propre à une espèce animale.

Théorie de l'esprit : aptitude à attribuer à autrui par inférence, différents états mentaux (un état affectif ou une pensée), à partir de l'analyse du contexte, des expressions et des attitudes .

Tube neural : partie embryonnaire du système nerveux. Il se forme entre les 18e et 28e jours de vie. Il donnera le cerveau et la moelle épinière.

BIBLIOGRAPHIE

Pour ceux qui veulent aller plus loin (mais pas trop quand même)

Silvana Condemi, François Savatier, *Dernières nouvelles de Sapiens*, Flammarion, 2021

Antonio R. Damasio, *L'Erreur de Descartes*, Odile Jacob, 2006

Francis Eustache, Bénédicte Desgranges, *Le Chemin de la mémoire*, Le Pommier, 2010

Stephen Jay Gould, *Le Pouce du Panda*, Points, 2014

Mathias Pessiglione, *Les Vacances de Momo Sapiens*, Odile Jacob, 2021

Emmanuelle Volle, Richard Levy, « Rôle du cortex préfrontal dans l'adaptation comportementale chez l'homme », *médecine/sciences*, 2024, n°30, p. 179-185

Homo sapiens. L'humanité en Partage, La Vie/Le Monde, hors-série, 2024

Le Grand Atlas du Cerveau, Le Monde-Editions Glénat, 2018

NOTES

1. Marc

1. Lhermitte F., « Human autonomy and the frontal lobes. Part II : Patient behavior in complex and social situations : The environmental dependency syndrome ? », *Ann Neurol.*, 1986 ; 19(4):335-343. doi : 10.1002/ana.410190405

2. Décoder le monde

1. Ungerleider L., « "What" and "where" in the human brain », *Curr Opin Neurobiol.*, 1994 ; 4(2):157-165. doi : 10.1016/0959-4388(94)90066-3

4. La volonté d'agir

1. Luria A.R., « The frontal lobes and the regulation of behavior », in : Pibram K., Luria A.R., éd., *Psychophysiology of the Frontal Lobes*, Academic Press, 1973

2. Pochon J.B., « The Role of Dorsolateral Prefrontal Cortex in the Preparation of Forthcoming Actions : an fMRI Study », *Cereb Cortex*, 2001 ; 11(3):260-266. doi : 10.1093/cercor/11.3.260

5. Orchestrer la pensée

1. Miller E.K., Cohen J.D., « An Integrative Theory of Prefrontal Cortex Function », *Annu Rev Neurosci.*, 2001 ; 24(1):167-202. doi : 10.1146/annurev.neuro.24.1.167

6. Peser l'âme et la raison

1. Thiebaut De Schotten M., Urbanski M., Batrancourt B., *et al.*, « Rostro-caudal Architecture of the Frontal Lobes in Humans », *Cereb Cortex*, 2016: cercor ; bhw215v1. doi : 10.1093/cercor/bhw215

2. Liotti M., Mayberg H.S., « The Role of Functional Neuroimaging in the Neuropsychology of Depression », *J. Clin Exp Neuropsychol.*, 2001 ; 23(1):121-136. doi : 10.1076/jcen.23.1.121.1223

3. Yang Y., Raine A., « Prefrontal structural and functional brain imaging findings in antisocial, violent, and psychopathic individuals : A meta-analysis », *Psychiatry Res Neuroimaging*, 2009 ; 174(2):81-88. doi : 10.1016/j.pscychresns.2009.03.012

4. Levy R., « The prefrontal cortex : from monkey to man », *Brain*, 2024 ; 147(3):794-815. doi : 10.1093/brain/awad389

5. Preuss T.M., Wise S.P., « Evolution of prefrontal cortex », *Neuropsychopharmacology*, 2022 ; 47(1):3-19. doi : 10.1038/s41386-021-01076-5

7. Différer l'action

1. Fuster J.M., Alexander G.E., « Neuron Activity Related to Short-Term Memory », *Science*, 1971 ; 173(3997):652-654. doi : 10.1126/science.173.3997.652

2. Goldman-Rakic P.S., « Circuitry of Primate Prefrontal Cortex and Regulation of Behavior by Representational Memory », in : Terjung R., ed., *Comprehensive Physiology*. 1re éd., Wiley, 1987: 373-417. doi : 10.1002/cphy.cp010509

3. Kubota K., Niki H., « Prefrontal cortical unit activity and delayed alternation performance in monkeys », *J Neurophysiol.*, 1971 ; 34(3):337-347. doi : 10.1152/jn.1971.34.3.337

4. Funahashi S., Chafee M.V., Goldman-Rakic P.S., « Prefrontal neuronal activity in rhesus monkeys performing a delayed anti-saccade task », *Nature*, 1993 ; 365(6448):753-756. doi : 10.1038/365753a0

5. Barone P., Joseph J.P., « Prefrontal cortex and spatial sequencing in macaque monkey », *Exp Brain Res.*, 1989 ; 78(3). doi : 10.1007/BF00230234

6. Baddeley A.D., *Working Memory*, Clarendon Press, Oxford University Press, 1986

7. Nee D.E., Brown J.W., Askren M.K., *et al.*, « A Meta-analysis of Executive Components of Working Memory », *Cereb Cortex*, 2013 ; 23(2):264-282. doi : 10.1093/cercor/bhs007

8. Zola-Morgan S., Squire L.R., « Neuroanatomy of Memory », *Annu Rev Neurosci.*, 1993 ; 16(1):547-563. doi : 10.1146/annurev.ne.16.030193.002555

9. Read D.W., Manrique H.M., Walker M.J., « On the working memory of humans and great apes : Strikingly similar or remarkably different ? », *Neurosci Biobehav Rev.*, 2022 ; 134:104496. doi : 10.1016/j.neubiorev.2021.12.019

8. Attribuer une juste valeur aux choses

1. Eslinger P.J., Damasio A.R., « Severe disturbance of higher cognition after bilateral frontal lobe ablation : Patient EVR », *Neurology*, 1985 ; 35(12):1731-1731. doi : 10.1212/WNL.35.12.1731

2. Tremblay L., Schultz W., « Relative reward preference in primate orbitofrontal cortex », *Nature*, 1999 ; 398(6729):704-708. doi : 10.1038/19525.

3. Critchley H.D., Rolls E.T., « Hunger and satiety modify the responses of olfactory and visual neurons in the primate orbitofrontal cortex », *J Neurophysiol.*, 1996 ; 75(4):1673-1686. doi : 10.1152/jn.1996.75.4.1673

4. Messimeris D., Levy R., Le Bouc R., « Economic and social values in the brain : evidence from lesions to the human ventromedial prefrontal cortex », *Front Neurol.*, 2023 ; 14:1198262. doi : 10.3389/fneur.2023.1198262

5. Damasio H., Grabowski T., Frank R., Galaburda A.M., Damasio A.R., « The Return of Phineas Gage : Clues About the Brain from the Skull of a Famous Patient », *Science*, 1994 ; 264(5162):1102-1105. doi : 10.1126/science.8178168

6. Kahneman D., Tversky A., éd., *Choices, Values, and Frames*, Russell sage Foundation, Cambridge University Press, 2000

7. Ruff C.C., Fehr E., « The neurobiology of rewards and values in social decision making », *Nat Rev Neurosci.*, 2014 ; 15(8):549-562. doi : 10.1038/nrn3776

9. Deviner l'état mental d'autrui

1. Baron-Cohen S., Leslie A.M., Frith U., « Does the autistic child have a "theory of mind" ? » *Cognition*, 1985 ; 21(1):37-46. doi : 10.1016/0010-0277(85)90022-8

2. Premack D., Woodruff G., « Chimpanzee Problem-Solving : A Test for Comprehension », *Science*, 1978 ; 202(4367):532-535. doi : 10.1126/science.705342

3. Funkiewiez A., Bertoux M., De Souza L.C., Levy R., Dubois B., « The SEA (Social Cognition and Emotional Assessment) : A clinical neuropsychological tool for early diagnosis of frontal variant of frontotemporal lobar degeneration », *Neuropsychology*, 2012 ; 26(1):81-90. doi : 10.1037/a0025318

4. Stafford O., Gleeson C., Egan C., *et al.*, « A 20-Year Systematic Review of the 'Reading the Mind in the Eyes' Test across Neurodegenerative Conditions », *Brain Sci.*, 2023 ; 13(9):1268. doi : 10.3390/brainsci13091268

5. Duclos H., Desgranges B., Eustache F., Laisney M., « Impairment of social cognition in neurological diseases », *Rev Neurol (Paris)*, 2018 ; 174(4):190-198. doi : 10.1016/j.neurol.2018.03.003

6. Ibañez A., Manes F., « Contextual social cognition and the behavioral variant of frontotemporal dementia », *Neurology*, 2012 ; 78(17):1354-1362. doi : 10.1212/WNL.0b013e3182518375

7. Foot, P., « The Problem of Abortion and the Doctrine of the Double Effect », *Oxf Rev.*, 1967 ; 5:5-15

8. Bonnefon J.F., Shariff A., Rahwan I., « The social dilemma of autonomous vehicles », *Science*, 2016 ; 352(6293):1573-1576. doi : 10.1126/science.aaf2654

10. Agir harmonieusement

1. Pochon J.B., Levy R., Fossati P., *et al.*, « The neural system that bridges reward and cognition in humans : An fMRI study », *Proc Natl Acad Sci.*, 2002 ; 99(8):5669-5674. doi : 10.1073/pnas.082111099

2. Koric L., Volle E., Seassau M., *et al.*, « How cognitive performance-induced stress can influence right VLPFC activation : An fMRI study in healthy subjects and in patients with social phobia », *Hum Brain Mapp.*, 2012 ; 33(8):1973-1986. doi : 10.1002/hbm.21340

11. Être créatif

1. Sternberg R.J., Lubart T., « The concept of creativity, prospects and paradigms », *in* Sternberg R.J., éd., *Handbook of Creativity*, MIT press, 1999, p. 3-15

2. De Souza L.C., Guimares H.C., Teixeira A.L., *et al.*, « Frontal lobe neurology and the creative mind », *Front Psychol.*, 2014 ; 5. doi : 10.3389/fpsyg.2014.00761

3. Bendetowicz D., Urbanski M., Garcin B,. *et al.*, « Two critical brain networks for generation and combination of remote associations », *Brain*, 2018 ; 141(1):217-233. doi : 10.1093/brain/awx294

12. Communiquer

1. Friederici A.D., Chomsky N., *Language in Our Brain : The Origins of a Uniquely Human Capacity*, The MIT Press, 2017

2. Pinker S., Jackendoff R., « The faculty of language : what's special about it ? », *Cognition*, 2005 ; 95(2):201-236. doi : 10.1016/j.cognition.2004.08.004

3. Neubert F.X., Mars R.B., Thomas A.G., Sallet J., Rushworth M.F.S., « Comparison of Human Ventral Frontal Cortex Areas for Cognitive Control and Language with Areas in Monkey Frontal Cortex », *Neuron*, 2014 ; 81(3):700-713. doi : 10.1016/j.neuron.2013.11.012

4. Staes N., Sherwood C.C., Wright K., *et al.*, « FOXP2 variation in great ape populations offers insight into the evolution of communication skills », *Sci Rep.*, 2017 ; 7(1):16866. doi : 10.1038/s41598-017-16844-x

5. Konopka G., Bomar J.M., Winden K., Coppola G., Jonsson Z.O., Gao F., Peng S., Preuss T.M., Wohlschlegel J.A., Geschwind D.H., « Human-Specific Transcriptional Regulation of CNS Development Genes by FOXP2 », *Nature*, 2009, 462 : 213–217. doi : 10.1038/nature08549

6. Koechlin E., Jubault T., « Broca's area and the hierarchical organization of human behavior », *Neuron*, 2006 ; 50(6):963-974. doi : 10.1016/j.neuron.2006.05.017

13. S'extraire de notre condition animale

1. Feldblum J.T., Manfredi S., Gilby I.C., Pusey A.E., « The timing and causes of a unique chimpanzee community fission preceding Gombe's "Four-Year War" », *Am J Phys Anthropol.*, 2018 ; 166(3):730-744. doi : 10.1002/ajpa.23462

2. Gallup G.G., « Chimpanzees : Self-Recognition », *Science*, 1970 ; 167(3914):86-87. doi : 10.1126/science.167.3914.86

3. Boeckle M., Schiestl M., Frohnwieser A., *et al.*, « New Caledonian crows plan for specific future tool use », *Proc R Soc B Biol Sci.*, 2020 ; 287(1938):20201490. doi : 10.1098/rspb.2020.1490

4. Mann J., Connor R.C., Tyack P. & Whitehead H., *Cetacean Societies : Field Studies of Dolphins and Whales*, vol. 28, The University of Chicago Press, 2000

5. Spocter M.A., Hopkins W.D., Barks S.K., Bianchi S., Hehmeyer A.E., Anderson S.M., Stimpson C.D., Fobbs A.J.,

Hof P.R., Sherwood C.C., « Neuropil distribution in the cerebral cortex differs between humans and chimpanzees », *J Comp Neurol.*, 2012, 520 : 2917–2929. doi : 10.1002/cne.23074

6. Koechlin E., Basso G., Pietrini P., Panzer S., Grafman J., « The role of the anterior prefrontal cortex in human cognition », *Nature*, 1999 ; 399(6732):148-151. doi : 10.1038/20178

7. Badre D., D'Esposito M., « Is the rostro-caudal axis of the frontal lobe hierarchical ? », *Nat Rev Neurosci.*, 2009 ; 10(9):659-669. doi : 10.1038/nrn2667

8. Garcin B., Volle E., Funkiewiez A., Miller B.L., Dubois B., Levy R., « A mosquito bites and a butterfly flies : A specific response type of frontal patients in a similarity task », *Neuropsychologia*, 2018 ; 117:371-378. doi : 10.1016/j.neuropsychologia.2018.06.022

9. Eldridge M.A., Hines B.E., Murray E.A., « The visual prefrontal cortex of anthropoids : interaction with temporal cortex in decision making and its role in the making of 'visual animals' », *Curr Opin Behav Sci.*, 2021 ; 41:22-29. doi : 10.1016/j.cobeha.2021.02.012

10. Genovesio A., Wise S.P., Passingham R.E., « Prefrontal–parietal function : from foraging to foresight », *Trends Cogn Sci.*, 2014 ; 18(2):72-81. doi : 10.1016/j.tics.2013.11.007

11. Gould S.J., *The Panda's Thumb : More Reflections in Natural History*, Norton, 1992

14. Perdre ses pouvoirs mentaux

1. Miller B.L., *Frontotemporal Dementia*, Oxford Univ. Press, 2014

15. Le concept de frontalité

1. Alfano C., Studer M., « Neocortical arealization : Evolution, mechanisms, and open questions », *Dev Neurobiol.*, 2013 ; 73(6):411-447. doi : 10.1002/dneu.22067

2. Diamond A., « Executive Functions », *Annu Rev Psychol.*, 2013 ; 64(1):135-168. doi : 10.1146/annurev-psych-113011-143750

3. Volavka J., « The Neurobiology of Violence : An Update », *J Neuropsychiatry Clin Neurosci.*, 1999 ; 11(3):307-314. doi : 10.1176/jnp.11.3.307

4. Condon E.M., Dettmer A., Baker E., McFaul C., Stover C.S., « Early life adversity and males : Biology, behavior, and implications for fathers' parenting », *Neurosci Biobehav Rev.*, 2022 ; 135:104531. doi : 10.1016/j.neubiorev.2022.104531

5. Viding E., Frith U., « Genes for susceptibility to violence lurk in the brain », *Proc Natl Acad Sci.*, 2006 ; 103(16):6085-6086. doi : 10.1073/pnas.0601350103

6. Meyer-Lindenberg A., Buckholtz J.W., Kolachana B., *et al.*, « Neural mechanisms of genetic risk for impulsivity and violence in humans », *Proc Natl Acad Sci.*, 2006 ; 103(16):6269-6274. doi : 10.1073/pnas.0511311103

7. Glenn A.L., Raine A., « Neurocriminology : implications for the punishment, prediction and prevention of criminal behaviour », *Nat Rev Neurosci.*, 2014 ; 15(1):54-63. doi : 10.1038/nrn3640

8. Martins R., Joanette Y., Monchi O., « The implications of age-related neurofunctional compensatory mechanisms in executive function and language processing including the new Temporal Hypothesis for Compensation », *Front Hum Neurosci.*, 2015 ; 9. doi : 10.3389/fnhum.2015.00221

9. Milgram S., « Behavioral Study of obedience », *J Abnorm Soc Psychol.*, 1963 ; 67(4):371-378. doi : 10.1037/h0040525

Casting (glossaire)

1. Gentilucci M., Fogassi L., Luppino G., Matelli M., Camarda R., Rizzolatti G., « Somatotopic Representation in Inferior Area 6 of the Macaque Monkey », *Brain Behav Evol.*, 1989 ; 33(2-3):118-121. doi:10.1159/000115912

REMERCIEMENTS

Écrire un livre est une aventure solitaire, mais jamais totalement isolée. À ceux et celles qui, d'une manière ou d'une autre, ont accompagné ce voyage, je tiens à exprimer ma profonde gratitude.

Merci d'abord à tous les patients et à leurs proches qui, dans leurs difficiles parcours, m'ont permis de vous apporter, à vous lecteurs, un éclairage inédit sur le comportement humain.

À mes maîtres, Bruno Dubois et Patricia Goldman-Rakic, qui m'ont aidé à penser « préfrontal ».

À Christian Counillon, mon éditeur, Mathilde Nobécourt et Xavier Müller : merci d'avoir cru en ce projet. Votre endurance et vos commentaires parfois assassins mais toujours justes ont sauvé ce livre d'une glissade fatale vers l'illisible.

Merci à mes courageux et fidèles amis et proches qui m'ont encouragé et ont vaillamment lu les versions initiales : Franck Fitoussi, Sophie Lavault, Joelle et Charles Lévy, Tarek Mansour et Laura Nunez-Quintana.

Merci à Fabrice Bollon, Anne Hua, Stéphane Lehéricy et Emmanuelle Volle.

Merci à mes parents, mes enfants et plus généralement à ma famille et mes amis qui ont supporté mes absences cérébrales et mes monologues sur le cortex préfrontal sans (trop) broncher.

Et à vous, lecteur, un immense merci : si ce livre vit, c'est grâce à votre curiosité et votre désir, tout aussi mystérieux que le cerveau lui-même, de comprendre ce qui nous anime.

LA CARTE ET LE TERRITOIRE DU CORTEX

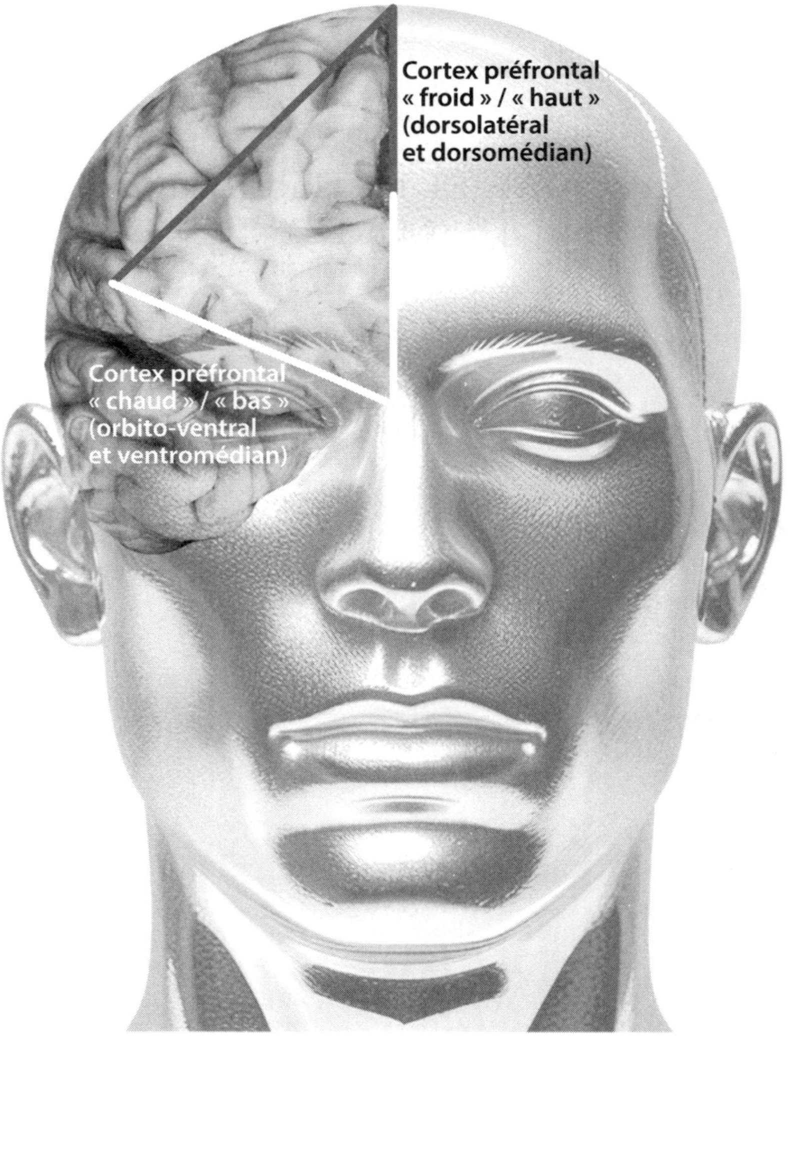
Cortex préfrontal
« froid » / « haut »
(dorsolatéral
et dorsomédian)
Cortex préfrontal
« chaud » / « bas »
(orbito-ventral
et ventromédian)

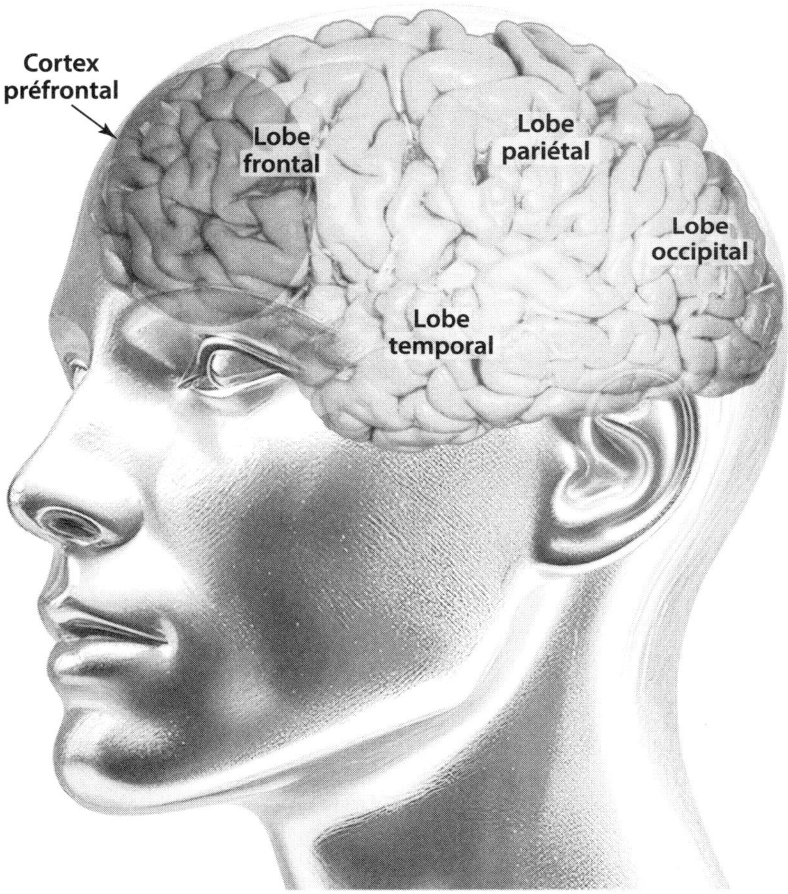
Cortex
préfrontal
Lobe
frontal
Lobe
pariétal
Lobe
occipital
Lobe
temporal

TABLE

Retrouvez toute l'actualité des éditions Albin Michel
sur notre site albin-michel.fr
et suivez-nous sur les réseaux sociaux
Instagram : editionsalbinmichel
Facebook : Éditions Albin Michel
YouTube : Editions Albin Michel

Composition : Pixellence
Impression : Normandie Roto Impression s.a.s. (2501965)
Éditions Albin Michel
22, rue Huyghens, 75014 Paris
www.albin-michel.fr

ISBN : 978-2-226-49465-8
N° d'édition : 25965/01
Dépôt légal : septembre 2025
Imprimé en France